多资产
MULTI-ASSET

多策略
MULTI-STRATEGY

投资实战
IN INVESTMENT PRACTICE

李连山

陈文虎

著

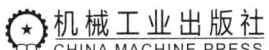

当前投资类图书多单纯集中于固定收益债券或股票，难以匹配资本市场全球联动的实战需求。两位作者基于15年跨资产、跨周期、跨国别的实战研究，整合多资产（股票、债券、大宗商品及衍生品）与复合策略（套利、曲线分析、量化建模），构建动态适配资产价格变化的多维分析框架。本书搭建由简入繁的渐进式能力提升路径，面向具备基础但缺失体系化认知的进阶型投资者以及掌握理论却亟待实践转化的初阶投资者，帮助读者构建全景式投资认知框架与投资策略的实战工具箱，驾驭复杂市场环境。此外，书中还结合了丰富的实战案例和市场分析，进一步增强读者对多资产多策略投资的理解和应用能力。

图书在版编目（CIP）数据

多资产多策略投资实战 / 李连山，陈文虎著.
北京：机械工业出版社，2025.8（2025.11重印）. -- ISBN 978-7-111-78567-5

Ⅰ. F830.59
中国国家版本馆 CIP 数据核字第 202562JU19 号

机械工业出版社（北京市百万庄大街22号　邮政编码100037）
策划编辑：杨熙越　　　　　　　责任编辑：杨熙越　牛汉原
责任校对：张勤思　张慧敏　景　飞　　责任印制：任维东
河北宝昌佳彩印刷有限公司印刷
2025年11月第1版第2次印刷
170mm×230mm・18.75印张・221千字
标准书号：ISBN 978-7-111-78567-5
定价：89.00元

电话服务　　　　　　　　　网络服务
客服电话：010-88361066　　机　工　官　网：www.cmpbook.com
　　　　　010-88379833　　机　工　官　博：weibo.com/cmp1952
　　　　　010-68326294　　金　　书　　网：www.golden-book.com
封底无防伪标均为盗版　　　机工教育服务网：www.cmpedu.com

业内推荐

在国内低利率的背景下,固收投资业务回报率下降,加上国际金融市场的波动加剧、监管要求的提高,传统的固收投资业务面临着转型的压力。两位师弟作为一线固收投资参与者,提前预判趋势并做了相关的研究和实战投资,并无私地总结分享成书,作为多资产多策略投资实践经验的总结,恰逢其时,适合目前资产联动加快、策略智能化的投资时代。

王伟 平安银行党委委员,首席资金执行官

多资产多策略投资是资管行业的未来,但还不是当下的主流。而《多资产多策略投资实战》提供了一套系统、全面的组合投资方法和可供借鉴的案例,为行业的未来实践架设了一座桥梁。

骆峰 浙商银行副行长

如何在追求收益的同时避免黑天鹅事件是我们管理投资组合的理

想目标。本书揭示了多资产、多策略在追求投资收益和风险管理上的平衡，《多资产多策略投资实战》强调的不是简单叠加资产，而是构建一个策略间"相互对冲、此消彼长"的动态防护网，让投资组合在金融市场资产价格波动的风暴中也能稳健前行。

黄敏　深圳市融资租赁（集团）有限公司总经理

两位优秀的人大师弟，一直奋战在宏观策略研究和固收投资的第一线，他们有着对投资领域的深刻洞见和丰富的实战经验。如果你对多资产多策略感兴趣，如果你也在探索固收、股票和其他资产的联动，那我相信，你一定可以从本书中获得很好的启发！

胡玄　华创证券副总裁，首席投资官

长期以来，投资者在热点资产和板块上的仓位过度集中，放大了阶段性波动风险，近年国际贸易摩擦引发的市场变化让我们感受深刻。叠加市场利率持续下行、股票市场不断震荡的背景，投资者对多资产多策略的产品需求与日俱增，多资产多策略的运用已经从认知的意义到了行业全方位必须实操的阶段。作者曾是我的同事，后又成为多年朋友，一路从交易到投资，做得扎实，对各种资产和策略的认知积累深厚；同时怀着"授人以渔"的情怀，在百忙之中撰写这本著作，堪称其智慧结晶，对当下市场极具现实意义，书中还推荐了很多经典著作，非常精彩。相信一定能像给我很多启示一样，给读者很多助益。

钟鸣远　博远基金总经理

单一资产或者策略让投资者花了太多时间精力去"猜底逃顶"追逐单一的贝塔收益。而多资产多策略的本质，是通过资产多元化和策略互补，以更平稳的方式获取更可持续的超额收益（Alpha），极大提升投资组合单位风险承担下的收益效率。这本书就是提高你的投资"性价比"的实战宝典。

蔡年华　江海证券总裁助理

一本兼具理论深度与实战高度的系统性著作：以穿越牛熊的视野联结资产与策略的边界，以鞭辟入里的慧眼观察市场与价格的脉络，以精耕细作的匠心拆解数据与模型的内涵，帮助你构建属于自己的策略护城河！

尹睿哲　国金证券首席资产配置官

在世界"百年未有之大变局"下，宏观环境的不确定性陡然增加，资产之间的传统关联正在变形。这就需要有扎实的理论，在多资产间善加权衡；有寻觅的慧眼，在多策略中与时俱进。李连山和陈文虎的这本专著，将带领我们开启一场投资的智识之旅、发现之旅。

钟正生　平安证券首席经济学家，研究所所长

本书视角贴合当下和未来的金融市场，内容丰富且深刻，多资产多策略投资没有停留在简单的资产和策略介绍上，而是从更高的维度对各类资产进行组合分析、从汇率对冲工具到地缘政治风险评估、从尾部风险和仓位管理等角度，拆解全球资产配置的收益和风险平衡，对机构和个人投资都具有实际的参考意义。

李湛　招商基金研究部首席经济学家

本书不仅讲策略，还深刻剖析了投资者情绪、认知偏差如何影响

决策，并结合多资产多策略的纪律性框架，为投资者的行为装上"冷静装置"，避免冲动下的非理性亏损。

　　徐海洋　平安证券产品与财富管理中心执行总经理

　　通读完《多资产多策略投资实战》一书后，我真切地感受到，它是关于我国多资产多策略领域难得一见的好书。本书从何为多资产多策略投资、多资产多策略投资实战、多资产多策略投资组合管理技巧、多资产多策略投资中的风险管理及业绩归因等四个部分系统性阐述了多资产多策略投资的理论基础与实践操作的要点，特别是系统性分析了黄金、高收益债、固收量化、宽基指数、期权投资等内容，对投资者帮助颇大。本书从简单的基础知识入手，过渡到博大精深的细分品种投资实战，融合了作者的独到见解和深邃思考。无论是作为基础的工具书还是一线投资的参考，都是不可多得的读本，值得收藏。

　　黄伟平　申万宏源研究所所长助理，固定收益首席分析师

　　在全球化时代的金融市场中，投资者发现依赖单一资产类别持续获得合意回报的机会越来越少，实行多资产配置策略则可以提高投资收益的稳定性与持续性。然而了解不同资产类别的特性已非易事，能够在此基础上科学、系统地制定策略并有效执行更是巨大的挑战。幸运的是，本书的两位作者以扎实的理论功底结合多年的实践经验，帮助读者从实战角度全面了解多资产多策略投资领域。与枯燥的学术讨论不同，两位作者在书中提供了大量生动的投资实战案例，令读者可以"沉浸式"地学习；同时他们还介绍了很多非常实用的工具和方法，确保投资策略的有效执行及风险管控。对于那些希望系统学习多资产

多策略投资的投资者而言，本书无疑是一本极具价值的入门指南。

夏乐　西班牙对外银行中国区首席经济学家

全球大类资产配置是基于对全球宏观非共识、高确定性，以及时点和期限的三重判断。非共识的判断因为市场没有计价所以有投资价值；投资只有对"是与否"的高确定性判断，才会有投资回报；及时就是最领先的指标，同时相对较长期限才会有更高的投资回报。基于这三重判断的大类资产配置才会有相对较高和持久的回报。李连山和陈文虎撰写的《多资产多策略投资实战》从多个角度深度剖析了这三重判断，并且提供了行之有效的实战方法，非常值得专业和非专业人士学习和实践。

纪沫　星展银行首席中国经济学家

推荐序

投资是一门预测未来的学问与实践。欣见李连山和陈文虎两位资本市场的老将,将多年沉淀的宝贵实践经验总结形成了这本《多资产多策略投资实战》。书中所倡导的多资产、多策略投资框架,为应对当下全球不确定性环境提供了很好的方法,对当前的资本市场极具针对性,也为未来的投资思考提供了深刻洞见。

短期而言,投资更多体现为博弈行为。中国资本市场日成交额逾万亿元,全球市场也是如此,其中绝大部分交易都是短期博弈行为。这样的博弈策略形态各异:或是基于数据统计的量化模型,将投资决策过程转化为一系列可量化的指标和规则;或是源于对人类行为的研究,如反向交易、动量策略、成本平均法、情绪分析等;也有基于对基本面、宏观前景的预判,形成针对个股、行业乃至市场的投资策略。这些策略虽然表面看起来特别像是价值投资策略,但从实质上来说仍是短期交易策略。事实上,无论资产持有时间是毫秒级抑或是数月乃至更长，只要是建立在预测基础上的交易，其核心仍然属于零和博弈，本质都是博弈行为。只要是博弈当然会有输赢，但本身并不创造额外的价值。

中期维度，投资主要体现为向均值回归的套利行为。资本就像自然界的水，总是流向使用效率最高、收益率最高的方向。从中期视角来看，投资是由一次次跨越不同资产与市场的套利机会组成的。形成这些收益率差异的动因复杂多样。**其一，价格差异**。这主要源于信息不对称（市场参与者获取信息的速度与深度不同）、交易成本差异（如手续费、税负）或流动性偏差（流动性不足的市场，价格容易长期偏离真实价值）。**其二，资金成本差异**。投资者可以利用低利率市场融资，转而投向高收益市场以赚取收益。**其三，市场机制差异**。交易规则、监管政策的不同，或是相关性资产因替代关系、产业链上下游联动引发的价格错配，都能催生套利空间。此外，中期投资策略还常常源于经济的周期性波动。朱格拉周期、资本开支周期、产能利用率周期等宏观经济现象的存在，使得中期内各类资产价格往往呈现出向历史均值回归的趋势。

长期视角下，投资是持有资产未来现金流的折现。这一简单的道理大家都非常清楚，至少从逻辑上看是完美的，但实践起来却困难重重。**难点一在于现金流评估**。由于世界充满不确定性，未来是不可知的，因此当下表现优异的资产能否持续，具有很大的不确定性。**难点二在于价格**。即便资产当前收益率可观，若购入价格过高，最终回报率也会被稀释，因此以合适的价格购买资产在很大程度上决定了最后的收益水平。**难点三在于折现率的确定**。折现率远非无风险利率或者无风险收益率那么简单，其本质是投资的机会成本，即放弃其他所有投资，无论是短期还是长期可能获得的收益。人往高处走、水往低处流，资金总是朝着更高收益的资产方向流动。因此对折现率的考察，实际上是对投资选择与人性洞察的考量。**难点四在于时间维度**。任何事情一旦加上时间维度就变得复杂起来。"长期"究竟有多长？资产持有期应如何界定？一方面，任何资产都有生命周期，其收益率往往在时间轴上大幅波动，我们基于当下收益率所做的线性外推或在现有条件下做出的有限预测，常常与真实情况南辕北辙；另一方面，个体生命与组织存续都有期限，以"有限"的生命去追逐一项资产的"长期"收益，其意义本身也值得商榷。

正因如此，长期投资理论更像是一个理想化的参照，为我们提供了行动指引和思考起点。在这个共识性的框架内，投资者们相互砥砺、共同前行。然而，世界运行的不确定性，使得长期投资策略同样面临巨大的变数。这要求我们需要在理论上做出更加大胆的探索，最大可能地排除各种不确定性，以期在长期维度上获得相对可预期的回报。由此推演，合理的资产组合应包含：当下优质的资产、合理的持有成本、均衡多元的配置（保持资产组合的多样性），并辅以基于规则的动态调整与长期持有的耐心。

《多资产多策略投资实战》这本书是理论与实践层面的一次大胆探索，在当前中国资本市场热切呼唤耐心资本与长期资本的背景下，具有重要的现实意义。

邓舸　国信证券总裁
2025 年 6 月 于深圳

前 言

我们为什么需要多资产多策略

> 没有人能持续战胜市场，但是多资产投资策略可以持续满足各类投资者，特别是长期投资者的资产配置需求。多资产投资策略由于其丰富的资产类别和极大的灵活性，成为继对冲基金之后崛起的投资策略。
>
> ——《多资产投资策略》(曹实)

我们在投资中进行研究时经常会忽视一个重要因素，即市场和投资者的竞争都是动态的。投资业绩在某一时间的优势有可能只是认知差异、研究优势差异、投资选择差异带来的，随着市场参与者的进化及策略的迭代，之前的竞争局面有可能很快就会反转，商业领域的竞争如此，投资领域更是如此。

在全球贸易摩擦愈演愈烈、地缘政治不稳定因素增加、全球经济步入低速增长的大背景下，金融市场的格局正在发生深刻变化，例如美国债券市场收益率在负利率与目前新高之间快速波动，特朗普二次上台后全球汇率出现超预期变化，商品波动加剧，证券公司的FICC

（固定收益、外汇及大宗商品）投资业务首当其冲。国内固定收益投资业务近 20 年以来，已由单一的债券销售创利迭代到自营投资与债券销售双轮驱动，再进化到目前 FICC 全品种投资的探索与进化，考虑到前述金融市场和宏观环境的变化，目前证券公司自营业务的投资组合中的资产种类需要增加，投资策略篮子也需要根据金融市场的变化随时进行适时调整，整体快速向多资产多策略（multi-asset multi-strategy, MAMS）进行转型。我们在实践中，结合金融市场和宏观环境变化，在监管鼓励的框架内，对投资组合的多资产多策略实战进行了总结和趋势探索。

什么是多资产多策略

多资产多策略是指在投资组合中包含多种类型的资产并使用多种策略的一种投资理念，它是一种策略、一种理念、一种思维框架。本书书名所指的多资产多策略从三个逻辑维度来界定：资产维度、策略维度和风险收益维度。

资产维度：多资产会涉及债券及衍生品、股票、基金、期货、期权、外汇、股权等品种。

策略维度：多策略主要是将固定收益债券作为底仓，运用多资产多策略进行收益增厚，策略方面包括票息策略、收益率曲线策略、高收益债策略、趋势策略、套利策略、资产轮动策略及量化策略等。

风险收益维度：多资产多策略收益的基础是绝对收益，可以理解为对低波动率与绝对收益的概括，同时通过不同策略在不同资产上去获取风险平衡后的收益，要求的是业绩稳定性与绝对性的平衡。

我们为什么需要多资产多策略

我们在单一资产投资的过程中经历了很多，可以参考描写对冲基金浪潮的《富可敌国：对冲基金与新精英的崛起》、描写对冲基金惊心动魄的《对冲基金风云录》、通俗易懂地描述量化投资浪潮的《宽客人生：从物理学家到数量金融大师的传奇》、描写指数化投资的《万亿指数》等书。从海内外金融市场的发展和我们所经历的资本市场来看，一类金融产品规模要做大，正常来说需要有三个维度的动力。

（1）监管鼓励及推动。例如2012～2013年券商创新大会后，证券公司资产管理产品规模出现大爆发，包括后来的基金子公司成立及其基金子公司专户产品规模的爆发，以及2021年大力发展的公募REITs，都是在监管放开、试点成熟后，行业迎来了大发展。

（2）投资者需求得到满足。例如2013年"钱荒"后，短期资金价格带动短期资产收益率快速上行，其中就包括受益较大的货币基金。支付宝顺势推出余额宝，一定程度上满足了投资者对资金能够灵活支取且收益较高的货币基金的需求，同时余额宝的推出也拉开了互联网渠道销售基金的序幕，货币基金和银行现金理财迎来了黄金发展时期。

（3）投资机构的创新。例如债券基金、股票基金、股债混合基金及各类债券ETF（例如2025年规模大增的信用债ETF等）都是随着市场的发展，机构对产品进行创新的结果。尤其是随着股票市场的低迷、债券收益率的下行，投资机构通过在策略上进行重组和创新，最初通过在固定收益产品中加入转债策略、打新策略等权益性质的策略增厚固定收益类产品收益，后续随着利率互换交易对资管产品的开放、国债期货交易对保险资管、基金产品及银行的开放，大资管产品开始运用利率衍生品策略增厚固定收益产品的收益。近年来，期权产品、公募 REITs 产品、汇率产品、海外资产等逐渐被市场机构所重视，多资产多策略类产品在机构投研能力得到强化的同时，也契合了投资者的需求。

作为市场参与者，我们为什么要从单一资产单一策略转向多资产多策略？顺应大势。我们跟随各类大周期进行个人的微观选择，例如跟随经济周期、金融周期、政策周期及市场周期等进行策略的调整和资产的选择。在实体经济回报下降的宏观背景下，一是债券绝对收益率下降、股票收益不确定，单纯的债权和股权很难满足投资者的需求，需要其他资产和其他策略来进行增厚；二是收益率下降到一定程度后，同样幅度的收益率波动会带来组合净值的大幅波动，多资产多策略的思路是增加资产类型，使用衍生金融工具降低组合波动或者增厚组合的收益。

如何做好多资产多策略投资

本书主要从技术上探讨多资产多策略类产品的各个策略，策略上可以通过调整资产配比来平滑某一类单一资产的波动，从而提高收益风险比。波动率的降低和高收益风险比（夏普比率）都会极大地提升投资者的持有体验。在资产配置型产品的管理上，固定收益债券作为底仓，通过控制资产久期、资产类别选择、资产的期限结构进行投资管理，利用好权益产品、期货合约、期权工具等增厚收益。

投资经理通过类似于 FOF⊖ 的方式参与多资产多策略存在两方面的偏差：一方面是投资经理选择基金能力的偏差，另一方面是基金经

⊖ FOF 是一种通过持有其他基金来间接持有股票、债券等证券资产的基金。

理投资的偏差。2021年很多投资经理想通过投资二级债基增厚收益，但并没有赚钱的重要原因，是纯债收益率年初年尾基本持平（按照持有来看），但二级债基里的权益类资产，虽然全年价格有所上行，但价格在波动过程中，基金经理的仓位不够或者择时不准确可能会错过上涨的行情，最坏的可能还会有亏损。

　　正常来说，博弈论模式化需要有三个基本的要素：一是确定参与者是什么人；二是确定参与者面临或者拥有的策略集合是什么；三是这些选择背后收益有多少。在投资中，虽然我们不能穷尽每个类别资产的特征、影响因素和投资策略，但我们可以致力于通过分析某些典型资产的特征和策略来构建完善的分析框架，打造出一些接口，未来在遇到其他陌生资产或者拓展旧资产在新领域运营的时候，能够通过现有分析框架留下的接口，对框架进行完善。

目 录

业内推荐
推荐序
前言　我们为什么需要多资产多策略

第一部分
何为多资产多策略投资

第一章　多资产多策略投资　/2

　　　　第一节　何为多资产多策略投资　/2

　　　　第二节　多资产多策略投资的优势　/5

第二章　量化策略与因子投资策略　/12

　　　　第一节　量化策略与因子树分析策略　/13

第二节　因子树模型如何在股票市场中运用　/17

　　第三节　因子树模型如何在债券市场中运用　/21

　　第四节　因子树模型如何在商品市场中运用　/24

第三章　全球宏观、市场中性及事件驱动策略　/28

　　第一节　全球宏观策略　/29

　　第二节　市场中性策略　/32

　　第三节　事件驱动策略　/37

第四章　日历交易策略　/42

　　第一节　日历交易策略构建　/43

　　第二节　如何通过日历交易策略盈利　/45

　　第三节　日历交易策略风险点在哪里　/47

　　第四节　日历交易策略案例分析　/49

第二部分
多资产多策略投资实战

第五章　商品投资策略——以黄金投资为例　/58

　　第一节　黄金的本质什么　/58

　　第二节　影响黄金价格的逻辑是什么　/59

　　第三节　国内投资黄金基金的方式　/71

　　第四节　国际上的黄金 ETF 市场简要分析　/75

第六章　信用投资策略——以高收益债投资为例　/77

　　第一节　高收益债的投资标准及风险之问　/78
　　第二节　高收益债投资策略三问　/80
　　第三节　高收益债择时之问　/85

第七章　利率债投资策略——以量化及高频交易为例　/89

　　第一节　基于技术分析的交易策略　/90
　　第二节　基于微观结构的交易策略　/91
　　第三节　债券量化交易策略　/95
　　第四节　固收量化展望　/98

第八章　外汇投资策略——以货币套利交易为例　/100

　　第一节　货币套利及发展　/101
　　第二节　影响货币套利交易的因素和逻辑　/106
　　第三节　如何通过日元看货币套利未来的趋势　/109

第九章　海外固收投资策略——以美债投资框架为例　/117

　　第一节　影响美债收益率的核心因素　/118
　　第二节　影响美债收益率的卫星因素　/121
　　第三节　影响美债收益率的边缘因素　/126
　　第四节　我国 QDII 制度及投资　/129

第十章　宽基指数投资策略——以中证 500 指数为例　/132

　　第一节　宽基指数投资的逻辑框架　/133

第二节　中证 500 指数投资价值分析框架　/135

第三节　中证 500 指数走势及逻辑　/138

第四节　中证 500 指数的投资策略　/144

第十一章　期权投资策略——以雪球产品为例　/149

第一节　雪球产品有什么特点　/150

第二节　雪球策略如何运作　/151

第三节　雪球策略案例分析　/152

第三部分
多资产多策略投资组合管理技巧

第十二章　多资产多策略投资实战中的择时问题　/156

第一节　市场择时涉及什么　/157

第二节　市场择时有什么局限性　/158

第三节　如何稳定地进行市场择时　/159

第十三章　胜率赔率的矩阵分析框架及案例　/163

第一节　胜率赔率的矩阵分析框架　/164

第二节　胜率赔率矩阵分析框架的案例分析　/167

第三节　如何避免胜率赔率的投资陷阱　/168

第十四章　多资产多策略投资中的仓位管理　/171

第一节　分批建仓与流动性　/171

　　　　第二节　如何动态调整仓位　/173

　　　　第三节　如何设置止盈点和止损点　/176

第十五章　如何进行多资产多策略投资组合再平衡　/180

　　　　第一节　为什么要进行投资组合的再平衡　/181

　　　　第二节　四种常见的再平衡方法　/183

　　　　第三节　如何进行战术性资产配置调整　/192

　　　　第四节　如何在风险预算法下进行资产配置平衡　/196

　　　　第五节　如何在目标日期策略下进行投资组合再平衡　/198

　　　　第六节　投资组合调整中的因子策略　/200

第四部分
多资产多策略投资中的风险管理及业绩归因

第十六章　基于组合收益和风险的多资产多策略选择　/204

　　　　第一节　基于资产选择的配合　/204

　　　　第二节　基于择时策略的组合配合　/207

　　　　第三节　基于组合投资目标的配合　/209

　　　　第四节　基于风险目标的多资产多策略配合　/211

第十七章　如何识别、防范尾部风险　/220

　　　　第一节　何为多资产多策略投资中的尾部风险　/221

　　　　第二节　全球宏观投资尾部风险案例　/225

　　　　第三节　规避尾部风险的五大核心策略　/240

第十八章　投资绩效评估　/246

　　第一节　绩效评估的指标与方法　/247

　　第二节　基准比较与归因分析　/254

　　第三节　固收类基金业绩归因案例分析　/258

　　第四节　长期与短期绩效的平衡　/260

　　第五节　绩效评估的误区与改进　/261

结语　/267

参考文献　/273

第一部分

何为多资产多策略投资

  多资产多策略投资是指在投资组合中包含多种类型的资产并使用多种策略的一种投资理念。一般情况下，多资产多策略投资可分为基础资产配置策略和多样性投资策略两大类。基础资产配置策略的原则是将投资组合中大部分资金投资于简单的基础资产，以获得稳定的收益，而多样性投资策略则是除了基础资产配置策略中投入的基础资产组合外，采取多样性的策略对投资组合进行管理，以获得更高收益。

第一章

多资产多策略投资

> 机构投资者以及许多个人投资者为降低投资组合的波动率,已经越来越倾向于在高流动性的金融市场之外进行多元化投资。
>
> ——《共同基金常识》(约翰·博格)

第一节 何为多资产多策略投资

多资产多策略投资是一种综合了战术性和战略性投资策略的投资方法,与资产配置只是简单涉及多个资产类别不同。多资产多策略投资还同时运用多种投资策略来构建和管理投资组合,在管理投资组合的过程中随时根据市场情况调整投资策略,以使投资组合达到最优。下面将从几个方面详细介绍这一投资理念和投资框架。

一、资产类别多样性

在多资产投资组合中，除常见资产组合中的现货资产外，还有衍生品类的资产。现货资产类别包括但不限于：股票（提供资本增值潜力，但波动性较高）、债券（提供固定的利息收入，相对稳定，但利率变动会影响债券价格）、现金及现金等价物（流动性高，风险低，但收益也较低）、商品（如黄金、石油等，可以作为通货膨胀的对冲工具）、公募 REITs（提供租金收入分红及潜在的资本增值收益）、私募股权（长期投资可能获得较高的收益，但流动性较差），此外，还包括利用复杂的策略和工具的衍生品、汇率资产（规避汇率风险或者进行跨国投资）、期权产品等，甚至可能还包括土地等实物资产、风险投资等，但本书只谈在二级市场交易活跃的多资产。

二、投资策略多样性

多策略投资组合中常用的策略包括两类：基础策略（传统投资策略）和对冲、套利、量化等多策略。传统投资策略中，股票的策略包括三类，即价值投资（寻找被市场低估的资产，长期持有以获取超额收益）、成长投资（投资于预期未来增长速度快于市场平均水平的公司）、动量投资（跟随市场趋势，买入近期表现良好的资产，卖出表现不佳的资产）；债券的策略包括持有到期策略、杠杆策略和久期策略。本书所指的多策略投资包括现代的量化投资（利用数学模型和算法来识别和执行交易机会）、宏观策略（基于宏观经济分析和预测，调整资产配置）、事件驱动策略（用特定事件如并购、破产重组等带来的价格变动进行投资)、套利策略（利用市场价格差异进行无风险或低风险的投资）等。

三、策略的实施与管理

实施多资产多策略投资理念包括以下几个关键步骤：第一步是确定投资目标，明确投资组合的风险偏好、投资期限和财务目标（机构财务目标为净资产收益率考核，个人财务目标一般为保险、教育及养老等支出）；第二步是策略选择，随时根据投资组合的目标和市场的变化，及时选择适当的策略；第三步是资产选择，选择合适的资产类别和比例，构建初始投资组合；第四步是组合监控与调整，定期审查投资组合的表现，与市场情况、同类产品情况进行绝对收益和相对收益的对比，根据投资目标和市场变化调整资产配置；第五步是组合的风险管理，持续监控组合资产的风险指标，采取必要的措施控制风险。

四、策略框架的持续优化

多资产多策略投资是一个动态的研究和交易的过程，需要持续对投资框架进行优化和改进。背后的逻辑包括以下几个方面：一是跟踪基础数据变化，包括跟踪经济数据、交易数据及政策变动等，及时调整投资策略；二是资产层面的再平衡，定期对组合进行资产再平衡，包括资产再平衡、风险再平衡、收益再平衡；三是绩效的评估，定期评估投资组合的表现，与基准进行比较；四是投资技术的更新，利用最新的投资技术和金融工具，提高投资组合的决策效率，例如利用人工智能 ChatGPT 进行数据的整理；五是与投资者的沟通，就市场情况和投资策略保持一定的沟通频率，类似的沟通如在伯克希尔-哈撒韦公司每年的股东大会上查理·芒格和巴菲特对投资者问题的回答、橡树资本的霍华德·马克斯给市场和投资者写的投资备忘录等。

综合笔者超过 15 年的投研经验来看，我们会在投资的过程中逐渐优化多资产多策略投资框架，目的是通过多样化的资产配置和策略组合，实现有效风险管理的同时获得收益最大化。接下来我们将开启多资产多策略投资实战和总结之旅。

第二节　多资产多策略投资的优势

我们认为多资产多策略投资与传统投资相比在理念、方法和目标上具有显著的优势，理解了这些优势，才能更好地转变投资理念。

一、投资理念更为先进

多资产多策略投资在理念上相对于传统投资具有明显的先进性。传统投资通常基于主观判断，依赖于投资者的经验和直觉，更侧重于单一资产类别，如股票或债券，并依赖于对这些资产的深入分析。

多资产多策略投资强调资产配置的重要性，即根据投资者的风险偏好和市场条件，合理分配资金到不同的资产类别中。传统投资者更乐于从价值投资、成长投资及周期等角度进行资产配置，尤其是权益配置。

多资产多策略投资注重长期投资，认为通过长期持有多元化的投资组合，可以减少市场波动的影响并实现稳定的收益，关于长期投资可以参考弗朗西斯科·加西亚·帕拉梅斯的《长期投资：平凡之人缔造不平凡投资之道》、哈佛商学院金融学教授维多利亚·伊凡希娜和乔希·勒纳合著的《耐心的资本：投资的未来与挑战》等用书。传统投资很大程度上依赖于投资者的个人经验、直觉和主观判断，其中涉及择时的问题，试图期望能够简单不费神地在市场低点买入并在高点卖出以实现收益。

多资产多策略投资倾向于使用量化分析方法，通过数学模型和算法来识别投资机会和管理风险。一些传统投资者依赖于技术分析，通过研究历史价格和交易量数据来预测未来的市场走势，可以参考罗闻全和贾斯米娜·哈桑霍德齐克合著的《技术分析简史：市场预测方法的前世今生》一书。

与传统投资不同，多资产多策略投资者可能会根据特定的风险因子（如国家风险因子、信用风险因子、市场波动因子等）目标来构建投资组合，从而获取某些风险因子的 β 收益，这点可以进一步参考《因子投资：方法与实践》这本书的详细介绍。

二、多资产多策略投资方法更为丰富

投资方法是指投资者在实际操作中运用的具体技术和流程，以实现其投资理念和目标。传统投资和多资产多策略投资在方法上存在显著差异，可以详细概括如下所述。

一是多资产多策略投资的决策过程更加客观及系统化。多资产多策略投资基于量化模型、算法和数据分析，策略更具有系统性。多资产多策略投资依赖于系统性策略，这些策略基于广泛的市场数据和统计分析，而不是单一的主观判断，采取了更为客观和系统化的决策过程。而传统投资依赖于投资者的个人经验、直觉和对市场的主观分析。

二是投资策略更为多元化。多资产多策略投资结合宏观策略、复合策略、套利策略等，形成多元化的策略组合。而传统投资一般采用价值投资、成长投资、动量投资等单一策略。

总结来看，多资产多策略投资在方法上更为复杂和多元化，强调通过科学的方法和工具实现风险和收益的平衡，通过综合运用多种策略和技术，旨在实现风险控制和收益优化。而传统投资则可能更依赖于投资者的个人经验和直觉，更侧重于基本面分析或技术分析，投资者可能会深入研究公司的财务报表、行业地位和市场趋势。

三、风险管理更为全面

传统投资和多资产多策略投资在风险管理上有所不同：传统投资在风险管理方面可能没有明确的风险模型，风险控制可能更依赖于投资者的主观感受，多资产多策略投资使用系统化的风险管理模型，如 VaR（value at risk）和压力测试，通过组合不同风险特性的资产来实现风险分散。多资产多策略投资相对于传统投资而言，在风险管理方面具有以下几个方面的优势。

（1）采取了科学的风险分散机制。多资产多策略投资通过在多种资产类别（如股票、债券、商品、衍生品等）之间进行配置，实现风险的分散化，这种分散化有助于减少单一资产或市场波动对整个投资组合的影响。相比之下，传统投资可能更集中在单一资产类别，如股票或债券，风险分散程度较低。

（2）风险因子管理敞口更具有组合管理特征。多资产多策略投资使用风险因子作为配置的基本要素，通过管理不同风险因子的敞口来进行风险敞口配置和管理，而传统投资可能更多地关注资产的绝对持有量，而不是风险因子的敞口。

（3）特别关注尾部风险。多资产多策略投资除了关注波动率，还特别关注投资过程中的尾部风险如最大回撤等，传统投资可能没有这么细致的风险控制措施。

（4）风险管理技术更为先进。多资产多策略投资倾向于使用先进的风险管理技术和模型，如 VaR、CVaR、压力测试等来评估和管理投资组合的风险，相比之下传统投资可能使用更为基础的风险评估工具。

（5）更加注重组合的风险与收益平衡。多资产多策略投资在追求收益的同时更加注重风险与收益的平衡，通过风险平价等方法来优化风险收益比，而传统投资可能只侧重收益最大化。

四、信息处理量和速度指数级优势

信息处理是投资决策过程中的一个关键环节，它涉及投资者如何收集、分析和应用市场数据来指导投资行为。传统投资受限于投资者能够接收和处理的信息量，可能无法全面分析市场中的所有机会。多资产多策略投资则能够利用高级算法处理大量数据，快速识别并利用市场中的各种机会。传统投资和多资产多策略投资在信息处理方面有显著不同的方法和侧重点。

多资产多策略投资通过系统性采集数据、运用模型并使用量化的分析方式进行信息处理。多资产多策略投资通过系统性数据采集，利用自动化工具和数据库系统性地收集和处理来自不同市场和资产类别的数据，利用数学模型和算法对大量历史数据进行量化分析，以识别投资机会，并应用风险模型来评估投资组合的波动性、相关性和潜在损失。

总体来说，宏观经济模型、机器学习和人工智能、实时数据处理在多资产多策略投资信息处理上更为全面。多资产多策略投资还结合了风险因子分析、尾部风险分析，例如关注尾部风险，即那些极端但潜在影响巨大的市场事件。第十七章将会详细阐述多资产多策略投资中的尾部风险及如何规避。多资产多策略投资摒弃了传统投资在信息处理方面依赖于个人的经验和直觉、在数据处理的全面性和客观性方面存在局限的缺陷，尤其是传统投资者经常依赖的定性分析，如对公司管理团队、行业竞争格局和公司战略的评估，基本面分析，投资技术分析，新闻和事件驱动，个人经验和直觉。

五、多资产多策略投资的市场适应性更全面

市场适应性指的是投资策略或投资产品在不同的市场环境和条件下的表现和调整能力。传统投资在市场规则不透明或数据质量不可靠时表现更好，主要依赖于投资经理及其他投资者对市场的深刻理解和适应性。多资产多策略投资在数据丰富、市场规则透明的环境中表现更佳，强调对市场变化的适应性，通过灵活调整投资组合来应对不同的市场环境，可以参考罗闻全的《适应性市场》一书。

（1）多资产多策略投资的市场适应性更全面。多资产多策略投资

者使用系统性分析来适应市场变化，包括宏观经济分析、市场趋势分析和风险因子分析，通过在不同资产类别和策略之间分散投资来适应市场变化，这提供了更强的市场适应性。传统投资者依赖个人经验来适应市场变化，这可能在某些情况下有效，但也可能导致偏见和失误，同时传统投资可能更适应于投资者熟悉的市场或资产类别，对于不熟悉的市场可能表现不佳。

（2）充分利用先进算法提高市场适应性。多资产多策略投资借助现在的AI技术分析市场数据和预测市场趋势，提高了市场适应性，同时结合长期战略性资产配置和短期战术性调整，以适应不同时间尺度的市场变化。而传统投资者在面对不确定性或市场动荡时，可能会选择风险规避策略，如减少投资或转向更保守的资产。

（3）资金更具有灵活性。多资产多策略投资可以根据市场条件和风险模型的输出进行动态调整，以适应市场变化，而传统投资通常受到投资经理的主观性和账户性质的约束。

总体来说，多资产多策略投资在市场适应性方面通常具有更强的系统性、灵活性和全面性，能够更好地应对不同的市场环境和条件。而传统投资可能在某些情况下表现出较强的灵活性和适应性，但也存在一定的局限性，特别是在信息处理、风险管理和市场覆盖方面。

六、多资产多策略投资者更具有组合思维

整体来看，传统投资适合喜欢深入研究公司和市场的投资者，尤其是有一定市场经验和分析能力的投资者。而多资产多策略投资适合那些寻求风险分散和长期稳定收益的投资者，尤其是更适合那些希望

减少市场波动影响的投资者。投资者类型的多样性体现了在投资行为和偏好上的广泛差异，这些差异在多个层面塑造了投资者与金融市场的互动方式。

风险偏好方面，多资产多策略投资者通过组合不同风险水平的资产来构建风险分散的投资组合，摒弃了传统投资者可能更倾向于根据自己的风险承受能力选择投资，可能更偏好低风险的固定收益产品或高风险的成长型股票的简单逻辑；多资产多策略投资者通常采取更为长期的投资视角，考虑经济周期和资产长期表现，传统投资者可能更侧重于短期或中期的市场表现，尤其是交易表现。投资收益期望方面，多资产多策略投资者可能更注重实现与市场相匹配的收益，同时通过风险控制保护资本，传统投资者可能期望通过精选个股或市场时机来实现超额收益。对市场波动的反应方面，多资产多策略投资者通过多元化投资来平滑市场波动的影响，传统投资者可能对市场波动反应敏感，容易受市场情绪影响。

总结来说，多资产多策略投资与传统投资在投资理念、方法、风险管理、信息处理、市场适应性和适合的投资者类型等方面都有较大不同。多资产多策略投资通过组合多种资产和策略，旨在实现更稳健的投资收益和风险控制，而传统投资则更侧重于个别资产的深入分析和主观判断。

第二章

量化策略与因子投资策略

> 在整个"因子动物园"中,只有特定的物种才值得聪明的投资者关注。
>
> ——《因子投资》(安德鲁·贝尔金等)

量化策略及量化系统无论是在理论上还是实战中,都有不同的流派在研究不同的公司实践。本书利用 Python 进行量化基本思想的阐述,并提出因子树的分析框架体系,即因子树、因子系、因子三个层次的因子树分析框架。

第一节 量化策略与因子树分析策略

一、量化策略

简单来说,量化策略是指使用数学模型和统计方法来分析市场数据,识别投资机会,并制定交易策略的方法。本书认为应该从四个维度理解量化策略。

(1)量化策略的核心是数学模型。量化策略的核心是数学模型,包括使用统计模型(如回归分析)来识别变量间的关系,使用时间序列分析来研究价格变动的统计特性,同时结合机器学习算法,如决策树、神经网络等,可以处理复杂的非线性关系,例如债券定价中的凸性、期权定价的系数计算等。

(2)量化策略中风险管理的本质是用模型优化模型。量化策略使用模型来预测资产的风险敞口,包括波动性、相关性和发生极端损失的可能性,同时通过投资组合优化技术,如均值方差优化,来平衡预期收益和风险。

(3)系统化交易的本质是算法。系统化交易通过预设的算法自动执行交易,减少人为错误和情绪干扰,利用算法交易快速响应市场变化,执行复杂的交易策略,如统计套利或高频交易,系统化交易还可以利用订单执行算法优化交易成本以应对市场冲击。

(4)策略回测与优化。策略回测是指在策略实际应用前,使用历史数据模拟其在过往市场条件下的表现,这一过程帮助投资者理解策略的盈利潜力、风险暴露以及在不同市场环境下的稳定性。回测的基本步骤包括:第一步定义策略规则,明确交易策略的逻辑,比如买卖信号、仓位管理、止损止盈点等；第二步收集数据，获取高质量的历史市场数据，包括但不限于价格、成交量、宏观经济指标等；第三步实施回测，利用编程语言（如 Python 中的 Backtrader 等）或专门的回测软件，将策略规则应用于历史数据，计算模拟交易的收益率、最大回撤、夏普比率（Sharpe ratio）等绩效指标；第四步结果分析，评估策略的总体表现和在各种市场条件下的表现，识别策略的优点和弱点。

策略优化主要是基于回测结果，通过调整策略参数来改善模型性能的过程，目标是找到一组最优参数使策略在未来能获得更好的预期收益或风险调整后的收益。一般来说需要优化以下内容：一是参数选择，确定哪些策略参数需要优化，比如移动平均线的周期长度、止损点位、仓位大小等（后续章节将会具体讨论止损点位和仓位管理）；二是设定优化范围，为每个参数定义一个合理的适用区间，避免过拟合；三是验证优化结果，通过交叉验证、Bootstrap⊖等方法检验优化结果的稳健性，防止过拟合，确保优化后的策略在未见过的数据上也能有良好表现。

二、因子分析框架

我们认为因子投资的本质是统计数据的分类与归纳，从实践上来说因子投资是基于金融理论、统计分析和历史数据，从而识别影响资产收益的主要因子，再通过组合多个因子来分散风险并捕捉不同的市场机会。例如通过价值因子可以寻找低估值的股票，通过动量因子可以追踪近期表现良好的资产，具体的因子投资在后续内容中将详细展开。

⊖ 利率互换定价最常用的方法。

因子模型分析历史中最经典的模型是法玛 – 弗伦奇（Fama-French）五因子模型，作为金融经济学中最重要的资产定价模型之一，它是由尤金·法玛（Eugene Fama）和肯尼斯·弗伦奇（Kenneth French）两位学者在他们提出的三因子模型的基础上扩展而来的，目标在于更全面地解释股票市场收益率的差异，是对资本资产定价模型（CAPM）的进一步发展，该模型认为除了市场风险（Beta β）之外，还有其他几个因素能更好地解释股票收益率的差异。目前主流的五因子模型包括以下因子：

（1）市场因子（market risk，R_m-R_f），这是 CAPM 模型中经典的市场风险因子，代表整个股票市场收益率与无风险收益率之差，反映了投资者因承担系统性风险而要求的额外收益。

（2）规模因子（small minus big，SMB），小市值股票组合的收益率减去大市值股票组合的收益率，代表小市值股票组合相对于大市值股票组合的超额收益。规模因子表明历史上小盘股比大盘股提供了更高的平均收益率，这可能是由于小盘股的流动性较低、信息不对称程度较高或者融资成本较高等原因，投资者要求的风险补偿更高。

（3）价值因子（high minus low，HML），高账面市值比股票组合的收益率减去低账面市值比股票组合的收益率。它衡量的是具有较高账面市值比（市净率较低）的公司股票相对于较低账面市值比（市净率较高）的公司股票的超额收益。价值因子的存在暗示着投资者偏好成长型股票而给予价值型股票较低的估值，导致价值型股票在未来可能有更高的收益补偿。

（4）盈利因子（robust minus weak，RMW），高盈利股票组合的收益率减去低盈利股票组合的收益率，反映的是高盈利能力公司股票与低盈利能力公司股票之间的收益差异。这个因子的引入是基于观察到的高盈利能力公司股票往往能带来更高的收益，可能是因为这些公司拥有更强的竞争优势、更稳定的现金流或者更低的风险。

（5）投资因子（conservative minus aggressive，CMA），低投资比例股票组合的收益率减去高投资比例股票组合的收益率，衡量的是投资少（保留较多现金流、投资活动相对较少）的公司与投资多的公司之间的收益差异。投资因子的提出是基于理论和实证研究发现，投资活动频繁的公司可能因为过度投资或投资失误而降低了股东价值。

笔者基于五因子模型提出因子树体系并构建多因子树模型体系，再用因子系的概念对各因子进行子因子的分解，从而得出每一类资产的因子树模型。具体的因子投资实战可以参考《智能贝塔和因子投资实战》[⊖]（分析了因子投资与智能贝塔的主要运用）和《因子投资：方法与实践》（分析了主流的七种多因子模型）等图书。

三、因子树模型的提出

本书在前述多因子模型的基础上，提出因子树—因子系—子因子的分析框架体系。因子树分为多个因子系，一个因子系包含该体系因子的所有子因子，并尝试构建基于因子树的投资组合来实现多样化和风险调整后的超额收益，例如黄金价格的五因子模型、债券价格的因子树模型。

在因子树模型投资过程中，需要注意以下几个事项：一是避免对历史数据进行过度拟合，例如在模型的优化过程中容易陷入过度拟合

⊖ 机械工业出版社已出版。

陷阱，也就是策略过度适应历史数据但对未来预测表现不佳，需采用更高维度的方法进行多次验证，如时间序列分割（训练集、验证集、测试集）来评估策略的泛化能力；二是需要对拟合的结果进行稳健性检验，确保模型优化后的策略在不同市场周期、不同资产类别中都可以稳定输出；三是需要对投资组合和量化结果进行持续监控，因为模型即使经过优化，但考虑到市场条件的持续变化，需要在实际运行中持续测试策略的表现。

通过上述流程，因子树模型的策略回测与优化不仅能够帮助投资者更好地理解策略的潜在表现，还能指导策略的迭代与改进，提高投资决策的科学性和盈利能力。

第二节　因子树模型如何在股票市场中运用

因子模型脱胎于权益市场、商品市场，同样因子树模型也适用于权益市场的资产定价、投资策略的开发和组合构建、业绩归因、风险管理等方面，具体应用过程包括以下几个方面。

（1）资产定价。因子树模型提供的是一个更精细化的框架来估计企业的预期收益，通过计算投资组合资产对每个因子系的暴露（也可以叫因子载荷），可以帮助投资者更好地评估企业的内在价值。

（2）投资策略开发与组合构建。基于因子树模型，投资者可以构建因子树投资策略，比如建立高价值、小规模、高盈利或低投资的股票组合，以期获得超额收益；同时也可以根据因子树模型进行市场择时与因子轮动选择，利用因子系的周期性特性进行动态调整，实现策略的适时调整，因此投资者可以根据因子暴露度构建多元化投资组合，以追求超额收益（alpha，α）。

（3）业绩归因。利用因子树模型帮助投资者分析基金的业绩，对于投资者来说有助于进行绩效归因分析，区分哪些收益来源于市场（beta）、哪些是基金经理主动管理的能力选择特定股票产生的超额收益（alpha）。

（4）风险管理。通过识别和量化股票对各个因子系的敏感度，投资者可以优化投资组合，以减少不必要的风险暴露，实现风险调整后的最大化收益。

案例分析：价值投资因子树策略

以价值因子系为例，假设某资产管理公司基于 Fama-French 模型，构建了一个专注于价值股的投资组合，可能会筛选出市盈率（PE）和市净率（PB）较低的股票，价值投资者认为这些股票被市场低估了。2008 年金融危机之后，许多优质公司的股价跟随股市一起下跌，但其基本面并未受到类似于股价同等程度的影响，此时价值因子系的作用尤为显著。例如，假设该投资组合在 2009 年年初重仓了跟随金融危机下行的银行股，随着经济复苏，这些银行股的估值修复带来了显著的超额收益。这种策略的成功，部分归功于 Fama-French 模型对价值因子系的识别和应用。

类似的情形发生在 2015 年之后的 3 年，2016～2018 年这三年价值股大放异彩。以贵州茅台为例，作为中国白酒行业的领军企业，长期以来一直是价值投资策略的典范。本书采用因子树模型（详见以下因子系分析）深入地分析贵州茅台如何体现价值投资理念，并分析价值投资理念在股票投资中的运用。

市场因子（R_m-R_f）系：贵州茅台作为 A 股中的权重股，其股价走势往往与整体市场密切相关，因其品牌实力带来的品牌价值、市场龙头地位和稳定又强大的盈利能力，贵州茅台往往展现出高于市场平均水平的收益率，尤其是在市场稳定或上行期间。

规模因子（SMB）系：作为大市值公司，贵州茅台在规模因子上的表现可能不如小盘股那么突出，但这并不妨碍其成为价值投资的优选，贵州茅台的价值不仅仅体现在规模上，例如可以为更多的投资者承载大量的资金，更多的是体现在公司的内在价值和盈利能力上。

价值因子（HML）系：尽管贵州茅台的市盈率可能相对较高，但其长期稳定的盈利能力、高毛利率和品牌溢价能力使得其在价值投资中仍然受到青睐。投资者通过深入分析其财务报表，会发现其内在价值往往超越表面的估值指标。

盈利因子（RMW）系：贵州茅台的高盈利能力和经营效率最终体现在其持续增长的净利润率和高净资产收益率上。这种强盈利能力符合盈利因子的特征，使得其成为价值投资者偏好的标的。

投资因子（CMA）系：贵州茅台的财务策略稳健，倾向于高分红而非过度投资，这使得其在投资因子上表现良好，减少了因过度扩张带来的风险，增强了投资者的信心。

通过前述的因子树模型分析，落脚到投资策略来看，长期投资者可以通过分析贵州茅台在上述因子上的表现，认识到其内在价值和长期增长潜力，从而采取买入并持有的策略。例如在2010～2020年，贵州茅台的股价经历了显著的增长，为坚持价值投资的长期持有者带来了丰厚的回报。

实施策略后进行绩效归因也会发现，以贵州茅台为例的价值投资成功案例可以从贵州茅台稳定的市场因子（品牌影响力、市场领导地位）、盈利因子以及合理的资本配置策略等方面得到解释，这些因素共同推动了其股价的长期增长，验证了价值投资策略的有效性。

我们在投资中关注业绩的同时也要高度重视风险管理，例如价值投资者在投资贵州茅台时，也需要密切关注宏观经济环境、行业政策变化、管理层变动等外部因素，以及公司自身的运营风险，便于动态调整投资策略，确保投资组合的风险可控。例如自2021年开始收紧房地产政策以来，各类型的地产企业出现不同程度的财务危机，房价下跌导致了居民的财富缩水，作为高端消费的茅台酒价格出现了松动，飞天茅台的零售价格从3500元/瓶下跌到2024年6月初的2250元/瓶以下，贵州茅台的股价也从2021年的高点超过2400元跌到2024年10月下旬的1560元左右，如图2-1所示，凸显了风险管理的重要性。

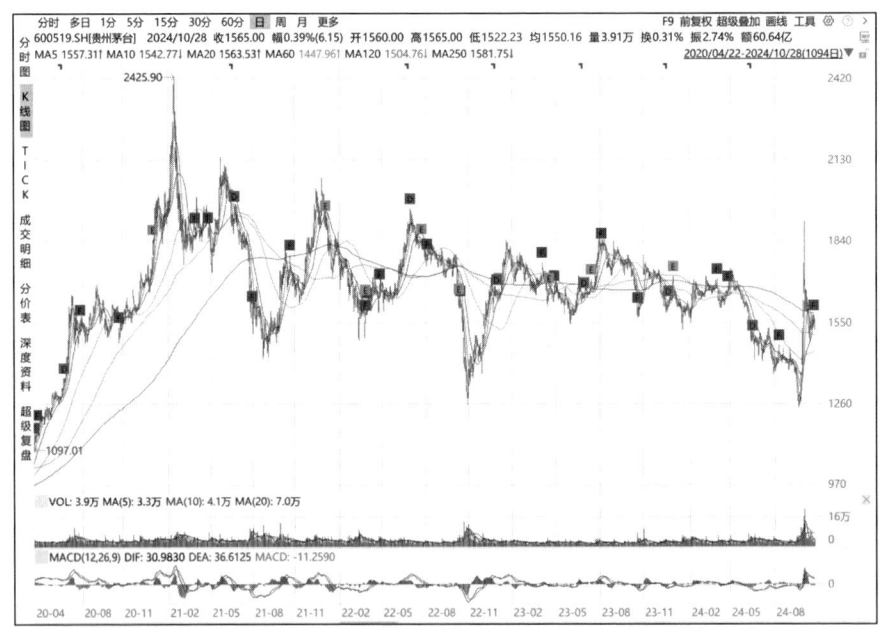

图 2-1　贵州茅台近 4 年的股价图

总之，贵州茅台的案例展现了价值投资策略在识别和利用市场中被低估或合理定价的优质资产方面的优势，其长期稳定的业绩增长证明了价值投资策略在中国股市中的可行性与成效。我们很多时候往往对看似熟悉的东西并没有太多具体的了解，想了解茅台的价值分析，可以参考私募基金经理董宝珍的《价值投资之茅台大博弈》一书；从行业模式出发分析茅台，可以参考天弘基金股票投资前总监肖志刚的《投资有规律：从商业模式出发》一书；从成长角度分析茅台，可以参考阅读张小军等的《这就是茅台：千亿企业成长逻辑》一书。

第三节　因子树模型如何在债券市场中运用

多因子模型是从股票市场中提炼出来的，将模型直接用于债券市场存在一定的逻辑障碍，主要原因在于债券与股票市场在性质上的不同，包括现金流结构、到期期限、信用风险特性、估值模型等。笔者试图通过调整和扩展多因子框架，构建因子树的分析体系，使其能够适用于债券市场，便于更好地理解和预测债券的收益率并控制风险。以下通过一个概念性的案例分析，展示如何在债券市场中运用因子树模型的思路。

假设一家国际资产管理公司中国分公司正在开发一套债券投资策略，希望利用因子分析来识别具有吸引力的投资机会并管理风险。在债券市场中调整和扩展五因子框架，需要更细致地考虑债券特性和市场环境的独特性。我们认为一个经过完善的因子树分析框架，可以更全面地覆盖影响债券收益率的以下关键因子。

（1）信用因子系。投资机构可以利用类似于价值因子树的思路来分析信用利差变动，以 2011 年欧洲国家主权债务危机为例，当时部分国家如希腊、意大利的主权债券信用评级被下调，信用利差急剧扩大。投资者运用信用因子分析，识别出这些国家债券的相对价值机会，同时考虑宏观经济环境（如欧洲央行的干预预期）对信用利差的影响。一些机构通过购买信用违约互换（CDS）来对冲风险，同时精选投资级以下但同时有望获得评级提升的债券，最终在危机缓解后实现了高额回报。

（2）宏观经济因子系。宏观经济因子系包括以下几个因子：一是经济增长子因子，例如反映经济活动水平的 GDP 增速、工业生产指数等指标，对利率政策和信用风险都有重要影响；二是通货膨胀（简称通胀）子因子，使用通胀预期指标（如市场上的通胀保值债券与普通债券的收益率差）来衡量；三是货币政策子因子，中央银行的政策利率、资产负债表规模等，直接影响市场利率水平和流动性环境；四是财政政策子因子，包括财政赤字、地方债发行总量及计划、日常预算的安排等。

（3）市场因子（利率风险）系。市场因子（利率风险）系包括但不限于：基础利率的敏感性子因子，使用债券的修正久期（modified duration）和凸性（convexity）来衡量债券价格对利率变动的敏感度；利率曲线的形态子因子，引入利率曲线斜率（slope）和曲度（curvature）因子，反映不同期限债券收益率之间的差异，捕捉收益率曲线变化带来的机会。

（4）行业因子系。行业因子系包括但不限于：行业因子，由于不同行业对经济周期的敏感度不同，引入行业因子，分析特定行业债券的超额收益；信用评级因子，除了静态信用评级，还要考虑信用评级的变动趋势和违约概率的变化，使用信用评级迁移矩阵或信用利差的动态变化来量化。

（5）流动性因子系。流动性因子系包括但不限于：交易活跃度因子，利用债券的交易量、换手率、买卖价差等指标，评估债券的流动性风险和交易成本，例如目前国债、国开债的主力券在有足够活跃度的情况下，交易活跃度因子可以作为很好的流动性指标；市场深度因子，考虑大型交易对市场价格的影响，市场深度因子反映了市场在大额买卖时的价格稳定性，例如大型银行对地方债的买卖会直接影响地方债的收益率波动。

（6）特殊风险因子系。特殊风险因子系包括但不限于：外汇风险因子，对于国际债券，考虑汇率变动对投资收益的影响；嵌入式期权因子，针对含权债券（如可赎回、可转换债券，永续债等），评估嵌入式期权的价值及其对债券价格的影响；税收因子，对于税收优惠债券（如我国国债及地方债），税收政策变化会直接影响其相对价值。

本文提出的经过调整和扩展的因子树分析框架，能更精确地反映债券市场的复杂性，为投资者提供更为深入的风险评估和投资策略制定的依据。同时通过因子树模型的扩展与调整能够进一步完善因子树模型，包括但不限于：对数据进行精细化管理，确保收集的数据覆盖所有关键因子的细节，特别是对于流动性、信用评级变动等动态变化较大的指标；因子间相关性分析，在构建模型前需要分析各因子间的相关性，避免多重共线性问题，可能需要采用主成分分析（PCA）等降维技术；同时根据市场环境的变化动态调整因子的权重，例如在通胀预期上升期间，提高通胀因子的影响力，采用多因子模型（如Barra模型）或机器学习方法，将上述因子整合进一个综合的风险模型中进行更复杂的非线性关系建模。

第四节　因子树模型如何在商品市场中运用

与股票和债券的驱动因素截然不同的是，在商品市场，由于商品价格受供需、库存、天气等因素影响，五因子模型分析可能会有一定局限性，本书仍然通过构建因子树的分析框架来克服这个局限，并以黄金的价格走势作为案例进行分析。

除了前述的因子系外，商品因子树模型的分析还需要加入特定商品因子系，例如影响石油价格的 OPEC 政策、影响黄金价格的地缘政治因子和金融属性因子、影响农产品价格的天气因子等，用这些特殊的因子来捕捉影响特定商品价格的关键变量。此外，还有商品风险的对冲因子系，利用因子分析识别商品价格变动的驱动因素，辅助构建有效的风险管理和对冲策略，如利用期货和期权进行价格风险管理。

完善了商品市场的因子树模型后，接下来将商品的因子树模型用于理解黄金市场及价格，探索与黄金价格相关的关键驱动因子。

一、以 2020 年新冠疫情期间的黄金价格走势分析为例

传统的分析框架中，黄金价格受到美元实际利率、美元指数、全球金融市场的避险情绪、世界范围内对黄金消费的影响。一个影响因子是 2020 年新冠疫情暴发初期，全球经济不确定性骤增，投资者避险情绪高涨，黄金作为传统避险资产价格大幅上涨。另一个影响因子是全球央行购买黄金逐渐成为重要因素，这一现象可以视为宏观经济因子（特别是避险需求）影响商品价格的一个实例。我们根据因子树的分析思路，结合对全球货币政策 [如美国联邦储备系统（简称美联储）降息预期] 和经济前景的判断，提前布局黄金 ETF 或实物黄金，可以

有效捕捉这一波上涨行情,体现了宏观因子分析在商品市场中的应用价值。

二、黄金市场中的因子树模型分析

市场因子(替代为全球宏观经济状况)系:类似于股票市场的市场因子,我们可以将全球宏观经济状况视作影响黄金价格的宏观逻辑。经济衰退或不确定性增加时,黄金作为避险资产的需求通常会上升,反之亦然。例如 2008 年全球金融危机期间,黄金价格上涨的部分原因在于市场对经济前景的担忧推升了避险需求,体现了避险因子对黄金价格的影响。2024 年 6 月初,美国非农数据大幅超出预期,之后美元指数快速拉伸,黄金价格跌幅达 3.45%,为 2020 年 12 月以来的最大跌幅,体现了美元指数因子对黄金价格的影响。2024 年 9 月美联储降息后,美元的实际利率下降,黄金现货价格冲上 2600 美元/盎司,创下新高,体现了美元实际利率因子对黄金价格的影响。

价值因子(替代为实际利率)系:2020 年新冠疫情后各国为了刺激经济增长,多个主要经济体的中央银行纷纷降低利率,实际利率(名义利率减去通货膨胀预期)大幅下降甚至转负,实际利率的走低降低了持有黄金的机会成本,增强了黄金作为无息资产的吸引力,推动黄金价格上涨。在黄金投资中,实际利率可以类比为价值因子。当实际利率下降,持有黄金的机会成本降低(因为黄金不产生利息),黄金吸引力上升,价格通常上涨;反之,则可能抑制黄金需求。

盈利因子系:传统的黄金不作为生产要素直接参与商品的生产,没有盈利概念,因此无法直接应用盈利因子,但可以考虑黄金价格和黄金开采企业的盈利情况，间接反映整个黄金市场的盈利情况。

投资因子（代替货币供应量与其他货币政策影响）系：与投资因子反映公司投资行为类似，黄金价格受到中央银行的货币政策和货币供应量影响。例如美国大规模量化宽松政策通常伴随着美元的贬值预期，促使投资者转向黄金投资来保值。同时，大规模地增加货币供应量，强化了通货膨胀预期，进一步支撑了黄金价格。综合来看，美元作为国际黄金定价的主要货币，其强弱直接影响黄金价格。

避险因子系：与 Fama-French 五因子模型中的市场因子类似，具体体现为对黄金的直接需求，例如全球市场的不确定性会导致黄金避险需求激增，投资者通常在经济和政治动荡时期偏好黄金，因为它被视为"避风港"资产，能够有效分散风险。类似的情况发生在 2020 年，由于股市大幅下跌，资金大量涌入黄金市场，推动了黄金价格上涨；2022 年初俄乌冲突爆发，黄金价格大幅上涨。

三、结果分析

2020 年黄金价格由于资本市场的一系列连锁反应，呈现大幅波动并快速上涨的行情。年初伦敦现货金价格约为每盎司 1500 美元，随后在避险情绪和宽松货币政策的双重推动下，价格稳步攀升，到 2020 年 8 月黄金价格达到历史峰值，达每盎司 2067 美元，较当年年初上涨约 37%。尽管之后黄金价格有所回调，但黄金资产全年仍保持了显著的正收益，反映了宏观经济因子对黄金价格的强烈影响，体现了黄金作为避险资产在全球宏观经济动荡中的重要作用。

2020 年后黄金市场的表现充分展示了宏观因子如何驱动商品价

格，尤其是实际利率、美元走势、通货膨胀预期以及市场避险情绪对黄金价格的综合影响。这些因素的综合效应不仅揭示了黄金作为避险资产的独特属性，也强调了宏观经济环境对商品市场，尤其是贵金属市场的重要作用。

小结来看，通过上述的类比分析，可以看到 Fama-French 五因子模型虽然不能直接应用于黄金价格分析，但其背后的逻辑可以帮助我们构建因子树的分析框架，理解黄金价格变动背后的宏观经济、政策及市场心理因素。以上案例分析展示了我们构建的因子树模型及其衍生思路在不同金融市场中的具体应用，后续我们将继续完善因子树分析框架在指导投资决策、风险管理和捕捉市场机会方面的重要作用。

第三章

全球宏观、市场中性及事件驱动策略

> 对冲基金的本质是通过运用各种对冲策略，
> 在降低市场风险的同时，追求绝对收益。
> ——《对冲基金风云录》(巴顿·比格斯)

本章所要展示的三种策略本质是脱胎于对冲基金的策略。狭义的对冲基金（hedge fund）是一种私募投资基金，广义的对冲基金则可以理解为采用多种投资策略和工具，无论市场涨跌，目标都是为投资者获取绝对收益的一种基金。对冲基金所采取的策略有全球宏观、市场中性、事件驱动、相对价值、套利等，本章探索的是全球宏观、市场中性及事件驱动策略，它们是最能代表对冲基金思维方式和投研框架的三类策略。

第一节 全球宏观策略

一、何为全球宏观策略

全球宏观策略（global macro strategy）作为一种投资哲学，它依赖于基金经理对宏观经济指标、政策变化、市场心理学和全球性事件的分析，达到预测和利用全球金融市场价格波动盈利的目的。全球宏观策略的核心要素是多维度的，涉及对全球经济、政治、社会趋势以及市场心理的深入理解和分析。

全球宏观策略是一种高度复杂和专业的投资方法，它涉及对全球宏观经济趋势、政治事件、货币政策、利率变动等因素的深入分析和预测，以期在不同资产类别中寻找投资机会。全球宏观策略中，投资者可能交易股票、债券、货币、商品或衍生品，同时投资者为了放大潜在收益，使用这种策略时可能会使用较高杠杆。很多对冲基金采用全球宏观策略，主要是源于该策略的灵活性和潜在的高收益特征。

二、全球宏观策略的核心要素

（1）宏观经济分析。宏观经济分析是全球宏观策略的核心，涉及对全球或特定国家经济状况的评估。这包括：经济增长指标，即GDP增长率、工业产出、消费者支出等；通货膨胀率目标，即CPI、PPI等价格指数，反映货币购买力的变化；失业率目标，反映经济活力和劳动力市场状况；货币政策目标，即中央银行的利率决策、货币供应量变化等；财政政策目标，即政府的税收政策、公共支出和债务水平。

（2）政策分析。政策分析主要关注会直接影响经济增速和市场走势的政府财政政策和中央银行政策。政府财政政策方面包括预算赤字、公共支出计划、税收改革等。中央银行政策方面包括利率调整、量化宽松、货币政策声明等。

（3）地缘政治事件。地缘政治事件对全球宏观策略至关重要，因为它们可能导致市场风险偏好的波动。这包括：战争和冲突，例如中东地区冲突、恐怖主义活动等对市场的影响；政治选举，重要国家或地区的选举结果及其对政策的潜在影响；国际关系，例如自由贸易协定、贸易及政治经济制裁、外交政策变动等。

（4）金融市场分析。金融市场分析关注市场趋势、流动性和价格行为。市场趋势分析包括识别和评估股票、债券、货币和商品市场的长期趋势。流动性分析包括评估市场的流动性，确定资产能否快速买卖而不严重影响其价格。价格行为分析主要包括技术分析，如趋势线、支撑/阻力水平、图表模式等。

（5）风险管理。风险管理作为全球宏观策略的关键组成部分，包括：头寸规模，即根据风险承受能力和市场条件调整投资头寸的大小；对冲策略，即使用衍生品和其他金融工具来减少特定风险；分散化，即在不同的资产类别、地区和货币之间分散投资以降低风险。

（6）投资组合构建。构建一个多元化的投资组合是全球宏观策略的一部分，需要考虑以下几个方面：一是资产配置，根据市场分析和风险偏好，决定不同资产类别的分配比例；二是市场时机，利用市场波动和定价错误来调整投资组合；三是组合动态调整，根据市场条件和宏观经济指标的变化，动态调整投资组合。

总结来看，全球宏观策略是一种基于对全球经济和金融市场深入分析的投资方法，它要求投资者具备高度的专业技能、分析能力和风险管理能力。由于其复杂性和风险，这种策略更适合专业的投资机构和经验丰富的投资者。对于大多数个人投资者而言，理解全球宏观策略的原理和风险非常重要，通常建议在专业投资顾问的指导下进行。

三、全球宏观策略的投资决策过程

全球宏观策略的投资决策过程是一个系统化和多步骤的过程，涉及对大量经济数据的分析、投资逻辑的构建、风险管理以及投资组合的动态调整，以下是该过程的详细介绍。

（1）投资逻辑构建。投资逻辑构建包括两方面逻辑：一方面是确定投资框架，基于宏观经济分析和市场趋势（如经济增长、通货膨胀对冲和利率变化）等确定投资主题；另一方面是制定交易策略，根据投资主题制定具体的交易策略，如买入增长股、卖空债券、货币对冲等。

（2）市场趋势分析。利用技术分析和基本面分析来识别市场趋势，评估资产价格是否反映了宏观经济和市场的预期变化，比较不同的资产类别、地区或货币的相对价值（相对性价比或者相对价值策略）。

（3）数据收集与宏观经济模型构建。通过经济指标判断当前所处的经济周期阶段，如复苏、过热、滞胀或衰退，再构建经济模型来预测未来的经济增长、通货膨胀、利率变动等，最后做政策影响评估，例如分析政策变动对经济和市场可能产生的影响。

（4）投资机会识别。寻找被市场低估的投资机会，预测特定事件对市场的影响，并据此建立头寸，利用不同市场之间的价格差异进行无风险套利。

（5）投资组合构建。其中的逻辑包括以下三点：一是确定资产配置比例，根据投资逻辑和风险偏好，决定不同资产类别的分配比例；二是进行多元化配置，在不同的资产类别、地区和货币之间分散投资以降低风险；三是对组合进行动态调整，根据市场条件和宏观经济指标的变化，动态调整投资组合。

（6）风险评估与管理。其中的逻辑包括以下三点：一是风险识别，识别投资决策可能面临的风险，如市场风险、信用风险、流动性风险等；二是采用对冲策略，使用衍生品和其他金融工具来对冲特定风险；三是头寸调整，根据风险承受能力和市场条件调整投资头寸的大小。

总体来看，全球宏观策略的投资决策过程是一个动态的、持续的过程。这种策略通常由专业的投资机构采用，如对冲基金、大型资产管理公司等。个人投资者在没有充分准备和专业指导的情况下，应谨慎采用全球宏观策略。

第二节　市场中性策略

多资产多策略中所指的市场中性策略（market neutral strategy）是一种旨在通过消除或最小化市场波动对投资组合影响的投资方法，其中包括消除多因子对投资组合的影响，例如全球宏观变化、各类资产价格变化，我们更长远的目标是消除由于投资经理之间能力的差异和投资经理情绪对组合净值的影响。这种策略通过同时持有多头（买入）和空头（卖空）头寸来实现对市场的中性立场，目标是在各种市场环境下都能获得稳定的、与市场波动无关的收益，以下是市场中性策略的详细介绍。

一、市场中性策略的目标

市场中性策略的主要目标是实现绝对收益,即在不考虑市场整体表现的情况下获得正收益,该策略尤其适合在市场波动性大或不确定性高的情况下使用。市场中性策略的核心原则是通过构建投资组合来对冲市场风险,目的是减少或消除投资收益对整体市场走势的依赖,以下是市场中性策略的几个核心逻辑。

(1)对冲市场风险(beta neutrality)[⊖]。市场中性策略通过持有多头和空头头寸来对冲市场价格波动的风险,这意味着投资组合的系统性风险(beta)被调整至接近零,使得投资收益主要来源于选股能力(alpha)而非市场趋势。

(2)组合的风险平衡(risk balancing)。投资组合中的多头和空头头寸在风险敞口上需要保持平衡,通常通过匹配头寸的市值、波动性或其他风险度量来实现,确保投资组合对市场波动不敏感。

(3)组合实现多元化投资(diversification)。市场中性策略通常涉及投资多个不同的资产,以分散特定风险(idiosyncratic risk),包括持有不同行业、不同地区、不同资产类别的多头或者空头头寸。

(4)统计或者量化分析(quantitative analysis)。市场中性策略依赖于量化模型来识别定价错误或市场无效性,这些模型可能基于统计套利、多因子分析或其他量化技术。

(5)动态调整(dynamic rebalancing)。市场条件和资产价格的变动可能会影响到投资组合的中性状态,需要定期或根据预设条件动态调整多头和空头头寸,以维持风险平衡。

⊖ 市场风险(beta neutrality)和系统性风险(beta)两个意思类似,系统性风险一般认为就是市场自身固有的风险。

（6）风险管理（risk management）。市场中性策略需要严格的风险管理框架，包括但不限于：敏感度分析，即评估头寸对市场因子（如利率、汇率、行业变化）的敏感度；止损机制确定，即设置止损点以限制潜在损失；进行压力测试，即模拟极端市场情况下投资组合的表现。

（7）成本意识（cost awareness）。频繁的交易带来的成本和杠杆融资的成本可能会侵蚀市场中性策略的整体收益，在交易中需要对这些成本有清晰的认识，并在策略设计初期就予以考虑。

（8）合规意识（legal and compliance），市场中性策略需要遵守相关的法律法规，包括卖空规则、衍生品交易规定等。例如在某些特定的市场时期（股票或者外汇市场暴跌/暴涨）、卖空或者买入都可能会受到一定约束，这个过程就需要基金经理考虑投资组合的性质、所在机构的性质来操作组合，为了合规可能需要选择放弃正常的投资机会。

总体来看，市场中性策略的核心原则是构建一个与市场波动无关的投资组合，通过精确的量化分析和严格的风险管理来实现稳定的绝对收益。这种策略适合那些寻求降低市场风险、利用选股能力获得收益的投资者，然而该策略也需要专业的团队、先进的技术和持续的监控，以应对市场的不断变化。

二、市场中性策略有哪些类型

市场中性策略有多种变体，每种变体策略都有其特定的实施方法和策略目标。本书根据构建中性策略的工具及方式，总结了主要的市场中性策略类型，我们将其分为七个类型。

（1）纯市场中性（pure market neutral）。在这种策略中，多头和空头头寸的数量完全相等，目的是完全对冲市场风险。投资组合的 beta 值接近零，即投资收益与市场指数的波动无关，适合在各种市场环境下寻求稳定收益的投资者。

（2）偏市场中性（biased market neutral）。在这种策略中，多头和空头头寸的数量不等，但风险敞口被调整至大致平衡。该策略的 beta 值接近但不绝对等于零，允许一定程度的市场暴露，适合愿意承担有限市场风险以追求更高收益的投资者。

（3）多因子市场中性（multi-factor market neutral）。在这种策略中，同时考虑多个因子，如价值、动量、成长性、质量等，通过多因子模型来构建多头和空头头寸平衡风险，寻求超越市场的 alpha，适合那些笃信特定因子能够提供持续 alpha 的投资者。

（4）统计套利（statistical arbitrage）。在这种策略中，利用统计模型来识别价格偏离其历史均值的资产，并进行交易以期价格回归。该策略通常保持市场中性，但可能在某些因子上存在敞口，适合那些相信市场效率和价格回归的投资者。

（5）配对交易（pairs trading）。在这种策略中，选择两个相关性高的资产，当它们的价格偏离历史关系时，买入被低估的资产并卖空被高估的资产。风险敞口方面，通过配对来对冲市场风险，但可能在特定行业或风格上存在敞口，适合能够识别并利用资产价格关系的投资者。

（6）事件驱动中性（event-driven neutral）。在这种策略中，利用公司特定事件（如并购、重组、破产等）来构建市场中性头寸。通过事件分析来平衡风险敞口寻求事件驱动的 alpha，适合那些能够深入分析事件影响并快速响应的投资者。例如，2020 年年底某煤炭企业突然违约，导致该区域债券出现价格下跌，部分投资者利用该事件对区域债券价格的冲击获取了一定的超额收益。

（7）期权市场中性（options market neutral）。在这种策略中，使用期权策略（如蝶式价差、跨式价差等）来构建市场中性头寸。通过期权组合来对冲市场风险，但可能在波动率等其他因子上存在敞口，适合那些熟悉期权定价和波动率交易的投资者。

三、市场中性策略的投资决策过程

投资决策过程基本与前述策略一致，投资逻辑的构建等步骤不再赘述，与前面策略投资决策过程的主要区别在于市场中性策略的量化分析步骤更加重要。

（1）量化分析。使用历史数据和统计模型来识别定价错误进行套利，识别影响资产价格的系统性因子，如价值、动量、规模等，构建因子模型，该分析过程包括数据清洗、信号机制设置和回溯策略等。

（2）头寸构建。头寸构建过程中，多头一般是买入被低估或具有积极前景的资产，空头则是卖空被高估或具有消极前景的资产。

（3）风险管理。这主要分为两个方面：一方面是风险敞口控制，确保多头和空头头寸的市场风险敞口相互抵消；另一方面是敏感度分析，评估头寸对市场因子的敏感度，如利率、汇率、行业趋势等。

四、小结

市场中性策略的类型多种多样，每种类型都有其特定的风险和收益特征，选择合适的策略需要考虑投资者的风险偏好、市场观点、专业知识和交易技能。该策略可以在各种市场环境下寻求稳定的绝对收益，但同时也面临模型风险、交易成本和市场冲击等挑战。对于大多数个人投资者而言，实施市场中性策略可能存在较大挑战，建议在专业投资顾问的指导下进行。此外，无论采用哪种策略，严格的风险管理和持续的市场监控都是至关重要的。

第三节　事件驱动策略

一、何为事件驱动策略

事件驱动策略（event-driven strategy）专注于利用宏观因子特定变化、公司特定事件（如并购、重组、股权变动、财报发布等）等来实现投资收益，其核心思想是利用市场上的特定事件来实现投资收益，这些事件可能对公司的价值产生重大影响，从而为投资者提供买入或卖出的机会。

事件驱动策略的详细事件主要包括以下七类：一是并购（mergers and acquisitions，M&A），即公司之间的合并或收购，例如2024年多家券商公布的并购重组计划，国联证券并购民生证券、西部证券并购国融证券、国泰君安吸收合并海通证券、国信证券并购万和证券等；二是重组（restructuring），即公司进行重大的业务重组或财务重组；三是破产（bankruptcy），即公司申请破产保护，例如2024年出现的新能源汽车领域的高合汽车破产、极越汽车破产等事件；四是法律诉讼（litigation），即公司涉及重大法律诉讼，例如食品领域的三鹿奶粉事件、白酒塑化剂事件；五是监管政策变动（regulatory changes），即政府或监管机构的政策变动,例如近年来医疗领域的集采政策的调整;六是分红政策变动(dividend actions),即公司宣布增加或减少股息,例如 2024 年对股票分红政策的规定;七是股票回购(share buybacks),即公司宣布回购股票,例如 2024 年 9 月部分银行贷款支持企业回购股票。

二、事件驱动策略实施过程

事件驱动策略的操作方式涉及对特定事件的深入分析和投资决策的制定,以下是该策略操作方式的详细介绍。

(1)事件识别与筛选。投资者首先需要识别可能导致公司价值发生重大变动的事件,这通常涉及以下几方面:一是新闻跟踪,关注财经新闻、公司公告、行业报告等,以发现潜在的事件驱动机会;二是数据库筛选,使用专业数据库筛选出即将发生重大事件的公司;三是组建专家网络,通过与行业专家、分析师建立密切的联系,获取第一手信息。

(2)事件影响分析。事件驱动策略中事件影响分析的完整链条包括以下几个环节:一是对识别出的事件进行深入分析,评估其对公司价值的潜在影响;二是财务分析,评估事件对公司财务状况的影响,例如并购可能带来的协同效应,或破产可能导致的资产减值;三是市场地位分析,分析事件对公司在行业中的地位的影响,例如重组可能提高公司的竞争力;四是法律与监管分析,考虑事件涉及的法律和监管问题,例如诉讼可能带来的罚款或监管变动可能带来的合规成本。

（3）投资逻辑构建。接下来，要基于前述事件影响的分析，来构建投资逻辑：一是预期的变动，预测事件对公司股价、债券的影响，例如正面事件可能带来股价上涨，负面事件可能导致股价下跌及债券违约风险；二是确定投资的时间框架，事件驱动策略可能是短期的（例如几周或几个月），也可能是长期的（例如一年以上）。

（4）建立头寸。根据投资逻辑，建立相应的多头或空头头寸。多头头寸是指如果预期事件将促使股价上涨，投资者可能会买入股票；空头头寸是指如果预期事件将导致股价下跌，投资者可能会卖空股票或购买看跌期权。

（5）风险管理。由于事件结果的不确定性，风险管理至关重要。一是要有止损意识和策略，设置止损点以限制潜在的损失；二是把握头寸规模，根据风险承受能力和事件的不确定性，决定头寸的大小；三是进行分散投资，通过投资多个事件驱动的机会来分散风险。

（6）监控与调整。持续监控事件进展和市场反应，并根据需要调整头寸。一是事件进展，即跟踪事件的最新进展，例如并购谈判的进展或诉讼的结果；二是市场反应，即观察市场对事件的反应，评估是否与预期一致；三是头寸调整，即根据事件进展和市场反应，适时调整头寸，例如增加、减少或关闭头寸。

（7）退出策略。根据一个事件发生后对资产的价格影响、事件的结果、事件的时间窗口三个维度制定明确的退出策略，以实现收益或限制损失。在构建头寸时设定目标价格，一旦达到目标价格考虑退出头寸；如果事件结果已经明确，无论市场反应如何，都考虑退出头寸；此外，还有时间限制，如果投资时间框架已到，考虑退出头寸，即使事件影响尚未完全体现。

三、小结

事件驱动策略要求投资者具备深入的分析能力、严格的风险管理能力以及敏锐的市场洞察力,培养事件驱动策略的投资思维。此外,由于事件驱动策略可能涉及复杂的金融工具,例如期权和衍生品,因此对投资者的金融知识和经验要求较高。对于大多数个人投资者而言,实施事件驱动策略可能存在较大挑战,建议在专业投资顾问的指导下进行。

如果投资者能够准确预测事件的影响,事件驱动策略可能会带来较高的收益,这体现了事件驱动策略高收益的特征。同时事件驱动策略面临较高的不确定性,因为事件的结果和市场的反应都可能与投资者的预期不同,在投资过程中面临多重风险,呈现出高风险的特征。一是流动性风险,即某些事件驱动的投资可能涉及流动性较差的资产,增加了交易成本和退出难度;二是信息获取有一定的难度,需要获取及时、准确的信息,包括公开披露的财务报告、新闻报道、市场传闻等;三是在专业分析能力要求方面,需要投资者具备深厚的财务分析基础、行业知识、法律知识等,以准确评估事件的影响;四是投资者同时需要理解市场心理和行为经济学,预测市场对事件的反应,准确把握建立和退出头寸的时机,以最大化收益并控制风险。

事件驱动策略适合以下两类投资者:一是具备深厚的市场知识和分析能力且经验丰富的投资者;二是拥有专业的研究团队和风险管理能力的对冲基金、私募基金等。这些投资者能够承受较高的投资风险。对于大多数个人投资者而言,由于事件驱动策略具有复杂性和风险,通常建议在专业投资顾问的指导下进行。

事件驱动策略的实施也存在一定的挑战。事件的演变过程难以预测，导致结果存在不确定性，此外某些事件可能涉及复杂的法律和监管问题，买入后可能因为这些问题导致流动性降低无法及时卖出。

事件驱动策略实施中需要克服两个谬误。一是叙述谬误，这是指人类大脑为了理解和记忆复杂的信息，会不自觉地给一系列事实强行加上因果关系，从而使这些事实看起来条理分明、环环相扣，但实际上这种因果关系可能并不存在。在事件驱动投资中，投资者不能仅仅根据表面的因果关系来判断事件对市场的影响，要深入分析事件的本质和潜在的连锁反应，避免因叙述谬误而做出错误的投资决策。

二是证实谬误，这是指我们一旦在头脑中形成了一种认知或假想的因果关系，就会下意识地去寻找能够证明自己正确的事例，而自动忽略那些反面例子。投资者在运用事件驱动策略时，要避免陷入证实谬误，不能只关注支持自己投资观点的信息，而要全面客观地评估事件的各种可能性和影响，包括那些可能与自己预期相悖的情况。

第四章

日历交易策略

> 有时候，当一个上行趋势或下行趋势持续的时间很长并到达极端时，人们开始说"这次是不同的"。
>
> ——《投资最重要的事》(霍华德·马克斯)

日历交易策略也称为日历价差策略（calendar spread），与日历效应（例如股票市场中，由于基金经理的考核周期一般为年度，所以在年底及年初会存在所谓的年底行情及保险资金的开门红行情）不同，它是一种期权交易策略，其设计目的主要是利用期权时间价值随到期日临近而逐渐减少的特点，即theta效应来实现盈利。我们在构建多资产多策略分析框架时，为何如此看重日历交易策略？下面进行详细解析。

第一节 日历交易策略构建

一、期权选择

　　日历交易策略可以基于看涨期权或看跌期权构建，但无论哪种构建方式，都要确保两个期权的类型一致，即都是看涨或都是看跌。为了最大化时间价值衰减的效果，通常选择平值（at the money，ATM）或接近平值的期权，主要逻辑是因为平值期权的时间价值最高，时间衰减效果最为明显。日历交易策略的关键在于选择两个不同到期日的期权，一般卖出的期权距离到期日较近（近月合约），买入的期权则距离到期日较远（远月合约）。常见的组合可能是 1 个月与 2 个月、1 个月与 3 个月的期权，具体选择依据市场预期和策略目标而定。在期权类型选择方面，日历交易策略既可以应用于看涨期权也可以应用于看跌期权，选择哪种类型主要取决于你对标的资产价格走势的中性预期或想要对冲的方向。如果预计标的资产价格不会有太大变动，可以选择平值期权构建策略，因为平值期权的时间价值衰减最快。

　　执行价格选择方面，常见的做法也是选择平值或接近平值的期权。不过，选择实值（in the money，ITM）或虚值（out of the money，OTM）期权也能构建日历价差，但每种选择都有其特定的风险和收益特征。例如，ITM 期权虽然成本较高，但提供了更多的内在价值缓冲，而 OTM 期权成本低，但风险相对较大。

　　合约月份选择上，理想情况下近月合约和远月合约之间的差距不宜过长，一般选择 1 个月至 3 个月的差异，以最大化时间价值衰减的差异效应。太短的合约间距可能不足以累积足够的时间价值衰减，而太长的间距则会增加持有成本和不确定性。

二、仓位构建

卖出近月期权，卖出一个近月到期的期权合约，这一步骤会立即产生现金流入，因为我们作为期权的卖方需要收取权利金；买入远月期权，同时买入一个相同执行价格的远月到期期权，这一步骤会产生现金流出，因为我们作为期权的买方需要支付权利金。我们深入细节，一步一步地了解如何实施日历交易策略。

（1）市场分析与策略规划。**分析市场环境**：研究当前市场的波动率（隐含波动率和历史波动率）水平以及标的资产的历史价格行为。理想的市场条件是预期标的的资产价格将处于一个区间内波动，而不是有明显的上升或下降趋势。**确定策略目标**：投资者需要明确希望通过日历交易策略达到什么目的，是赚取时间价值衰减的收益，还是对现有持仓进行对冲。**选择期权系列**：我们基于分析，选择一个流动性好的期权系列，以确保买卖订单能迅速成交且滑点较小。

（2）选择执行价格和到期日。**确定执行价格**：对于中性市场预期，选择平值或接近平值的期权，因为这类期权的时间价值最大。如果对市场有轻微看涨或看跌倾向，可以适度偏离平值。**选择近月与远月合约**：选择一个即将到期的近月合约（例如 14 周内到期）和一个较远到期的合约（例如 23 个月后到期），确保两个合约的执行价格相同。

（3）交易执行。首先在期权市场上卖出近月的期权合约，注意由于是卖出期权，需要确保账户有足够的保证金或现金来覆盖潜在的风险。同时买入一个相同执行价格的远月期权合约，这个步骤为投资者提供了某种程度的保险，防止市场突然朝不利方向移动带来损失。

（4）监控与管理。监控 delta 和 gamma，定期检查你的持仓 delta，必要时通过调整期权头寸使其接近中性，以减少市场朝不利方向变动的影响，同时关注 gamma，了解时间价值衰减速度的变化。如果市场情况发生变化，考虑是否需要提前平仓近月合约并滚动到新的近月合约，以延续时间价值的收益。或者如果远月期权的价值增加，可以考虑部分或全部平仓以锁定利润。在观察市场变动的同时，做好风险管理，例如设置止损点，当亏损达到预设阈值时及时平仓，同时保持对市场新闻和事件的敏感性，以应对可能影响策略表现的突发事件。

（5）结束策略。结束策略包括近月合约和远月合约的处理。**近月合约到期处理**：当近月期权接近到期且没有被行权的风险时，可以让它自然到期失效，保留卖出期权时收到的权利金。**远月合约处理**：根据市场情况和个人盈利目标，选择合适时机平仓远月期权，锁定利润。如果市场情况依旧符合原策略设定，也可以考虑继续持有，但需要不断评估继续是否符合你的风险管理原则。

整个过程需要持续的市场观察、灵活的策略调整以及严格的风险管理。日历交易策略虽然相对复杂，但通过精细的操作和管理，可以在特定市场环境下提供稳定收益的机会。

第二节　如何通过日历交易策略盈利

日历交易策略通常适用于市场波动不大的情况，因为策略的盈利并非依赖于标的资产价格的上涨或下跌，而是依赖于时间的流逝和时间价值的差异。日历交易策略盈利机制主要体现在时间价值衰减的期权价值，近月期权的时间价值衰减速度快于远月期权，因为随着到期日的接近，期权的时间价值几乎呈非线性加速衰减（尤其是临近到期日）。如果市场价格没有显著变化，卖出的近月期权的价值会快速减少，而买入的远月期权的价值减少较慢，两者之间的价差扩大，从而实现盈利。

日历交易策略的盈利机制主要围绕期权的时间价值衰减特性展开，具体如下所述。

（1）时间价值衰减差异。期权的时间价值会随着到期日的临近而逐渐减少，这一现象被称为 Theta 衰减。日历交易策略利用了近月期权（卖出的一方）时间价值衰减速度快于远月期权（买入的一方）的特点。近月期权由于剩余时间较短，其时间价值衰减得更快，而远月期权因为还有较长的时间才会到期，其时间价值衰减相对较慢。因此，即使在标的资产价格不变的情况下，近月期权卖出所得的权利金减去远月期权的成本后，理论上可以获得正的净收益。

（2）Delta 中性策略。在理想情况下，日历交易策略可以构建为 delta 中性，这意味着策略对标的资产价格的小幅变动不敏感。通过卖出和买入同样数量但不同到期日的期权（通常是平值期权），使得策略的总 delta 接近零，从而减少因市场价格波动引起的潜在损失，专注于从时间价值的差异中盈利。

（3）Gamma 收益。虽然在日历交易策略中，gamma 通常被视为一种风险，因为它衡量的是 delta 对资产价格变化的敏感度，但在某些市场条件下，如果策略设置正确，价格在一定范围内的波动实际上可以增加策略的盈利。例如，当市场价格在近月期权的执行价格附近徘徊时，近月期权的 gamma 值会增加，但同时，远月期权的 gamma 也会增加，但由于远月期权的时间价值衰减较慢，这种价格波动实际上可能有利于策略，因为它可以增加近月期权的时间价值损耗。

（4）Vega 管理。Vega 衡量的是期权价格对波动率变化的敏感度。在日历交易策略中，由于持有期权的头寸方向相反，vega 的影响在一定程度上相互抵消，但并非完全。如果隐含波动率下降，理论上对策略有利，因为这会导致期权价格下降，尤其是近月期权，其价格受波动率变化的影响更大。因此，策略在波动率下降的市场环境中可能表现更好。

（5）滚动策略。随着近月期权到期，投资者可以考虑将策略"滚动"到下一个月，即卖出新的近月期权，同时买入新的远月期权，以此持续利用时间价值衰减的盈利机会。

综上所述，日历交易策略的盈利来源于利用期权时间价值的非线性衰减特性，通过在不同到期日之间构建对冲头寸，旨在从时间的流逝而非标的资产价格的变动中获取稳定收益。不过，实施该策略仍需考虑市场波动性、delta 和 gamma 管理、vega 影响以及个人风险承受能力等因素。

第三节　日历交易策略风险点在哪里

在实施日历交易策略时，风险管理至关重要，以下是一些实现有效风险管理的关键步骤和策略。

（1）确定风险容忍度。在开始交易之前明确自己能承受的最大损失是多少，这将帮助投资者决定投入的资金量以及如何设置止损点。

（2）设置止损单。本节将止损分为两类，一类是时间止损，如果策略未能按预期发展，比如近月期权到期前没有达到预期的时间价值衰减，可以设置一个时间点作为止损，及时平仓减少损失；另一类是价格止损，例如为远月期权设置价格止损，一旦期权价格跌至某个预设水平，就执行止损，防止市场大幅波动造成的额外损失。关于止损，在后续章节将会进一步地探索。

（3）监控希腊字母蕴含的风险。这主要是 delta 管理（衡量期权价格对标的资产价格变动的敏感性，体现为方向性风险，delta 的绝对值越高，期权价格对标的资产价格变动的敏感性越大）和 gamma 监控（衡量 delta 对标的资产价格变动的敏感性，即 delta 的变化率、delta 的波动风险，gamma 越高，delta 对标的资产价格变动的敏感性越大）。Delta 管理主要是保持策略的 delta 中性或接近中性，减少因标的价格变动带来的风险。例如，由于策略本身有一定的 delta 敞口，交易者可能需要通过买卖标的资产或其他期权来对冲 delta 风险。Gamma 监控主要是指在近月期权接近到期时，gamma 值可能增大，意味着价格波动对 delta 的影响加大，需要密切关注并适时调整。

（4）滚动策略。在近月期权到期前，如果策略有利可图，可以考虑提前平仓并重新卖出一个新的近月期权，保持时间价值的连续累积，同时根据市场情况调整远月期权。例如期权的波动性风险方面，虽然日历交易策略对方向性市场变动不太敏感，但对波动率的变动非常敏感。如果波动率上升，尤其是远月期权的波动率上升，会增加策略的成本，降低盈利空间。

（5）资金管理。一是资金总量方面避免过度加杠杆，确保账户中有足够的保证金来应对潜在的市场波动。二是将资金进行分散投资，不将所有资金投入到单一的日历交易策略中，而是分散到多个不同的策略或资产上，以降低整体风险。

（6）定期评估与调整。一是定期回顾策略的表现，根据市场环境的变化调整策略参数，比如调整执行价格、到期日或头寸规模；二是要灵活调整头寸和策略，投资者需要根据市场动态调整策略，保持策略的灵活性，随时准备根据新信息调整策略，包括提前平仓、展期或反转策略方向，另外比如在近月期权到期前平仓并重新建立新的日历价差。

通过以上措施，投资者可以在实施日历交易策略时有效管理风险，保护资本的同时寻求收益。重要的是，风险管理不仅仅是技术性的操作，更是对交易心理和纪律的考验。

第四节　日历交易策略案例分析

一、运用场景

日历交易策略因其独特的盈利机制，特别适用于以下几种市场场景。

（1）市场横盘整理或窄幅波动的场景。当投资者预期标的资产价格在未来一段时间内将维持在一个相对狭窄的区间内波动，没有明显的上涨或下跌趋势时，日历交易策略尤为有效。在这种情况下，期权时间价值的衰减成为日历交易策略的主要盈利来源，而标的资产价格的小幅变动不会对策略产生重大影响。

（2）隐含波动率处于低位的场景。在隐含波动率较低的市场环境下，尤其是远月期权的隐含波动率相对较低时，买入远月期权的成本较低，而卖出近月期权可以收取相对较高的权利金，这为日历交易策略提供了有利的入场机会。如果在策略执行期间隐含波动率上升，远月期权的价格可能上涨，进一步增加策略的潜在收益。

（3）预期波动率稳定或下降的场景。如果投资者认为未来的市场波动性不会显著增加，甚至可能出现下降，那么利用日历交易策略可以从中获益。波动率的稳定或下降有助于保护远月期权的买入成本，同时加速近月期权时间价值的衰减。

（4）风险管理需求场景。对于那些寻求限制风险暴露的投资者，日历交易策略提供了一种相对保守的期权交易方式。通过同时卖出和买入期权，策略在一定程度上对冲了方向性风险，使得即使市场走势不如预期，潜在损失也相对有限。

（5）寻求稳定收益的场景。日历交易策略通常不是为了追求巨大的单次利润，而是通过累积时间价值的差异来实现稳定收益，适合那些偏好低风险、稳定回报的投资者。对于市场前景不明朗，但又不想完全离场的投资者而言，可以利用日历交易策略在保持市场参与度的同时，减少因市场大幅波动带来的风险。

综上所述，日历交易策略是一种利用期权时间特性的保守型策略，适合于市场波动性预期较低、价格区间稳定以及寻求相对稳定收益的投资者。策略的成功实施依赖于对市场波动性、时间价值衰减速度以及对冲管理的准确判断和灵活操作。投资者应结合具体市场情况和自身风险偏好，仔细选择期权的执行价格、到期日以及市场环境。

二、案例分析

1. 案例背景

假设投资者以某股票期权为交易标的，该股票当前价格为 100 元。市场预期在接下来的一段时间内，股票价格不会出现大幅波动，将维持在相对稳定的区间。基于这一预期，投资者决定构建日历交易策略。

2. 策略构建

（1）买入远期期权：买入一份3个月后到期、执行价格为100元的看涨期权，支付5元权利金。此期权给予投资者在3个月后，以100元的价格买入股票的权利。

（2）卖出近期期权：同时，卖出一份1个月后到期、执行价格同样为100元的看涨期权，收取3元权利金。这意味着投资者承担在1个月后，以100元的价格向期权买方出售股票的义务。

3. 策略实施过程

（1）时间推进：在接下来的1个月里，随着时间的推移，近期期权的时间价值会加速衰减。由于投资者卖出了近期期权，时间价值的衰减对投资者有利。而买入的远期期权虽然时间价值也在衰减，但速度相对较慢。

（2）股价波动：假设股票价格在这1个月内，最高上涨到103元，最低下跌到98元，始终在一个相对稳定的区间内波动。这符合投资者在构建策略时对市场平稳的预期。

4. 策略结果分析

（1）近期期权到期：1个月后，近期期权到期。由于股票价格为101元，略高于执行价格100元，期权买方选择行权。投资者按照约定，以100元的价格向买方出售股票。此时，投资者获得了3元期权权利金。

（2）远期期权处理：投资者手中持有的 3 个月到期的看涨期权，此时还剩余 2 个月到期。由于股票价格上涨到 101 元，该期权的价值有所上升，假设此时其价值为 6 元。投资者可以选择继续持有该期权，等待未来价格进一步上涨，获取更多收益；也可以选择将其卖出，直接实现 1 元（=6 元 −5 元）收益。

（3）总收益计算：通过这次日历交易策略，投资者总共获得的收益为 4 元（=3 元 +1 元）。其中 3 元来自卖出近期期权收取的权利金，1 元来自远期期权价值的上升。

5. 策略风险与应对

（1）股价大幅波动风险：如果股票价格在短期内出现大幅上涨或下跌，可能导致策略亏损。例如，若股票价格大幅上涨，近期期权被行权，投资者需以低价卖出股票，而远期期权的收益可能无法弥补这一损失。应对措施是在构建策略时，合理设定止损点，当股价波动超过一定范围时，及时平仓止损。

（2）时间价值变化风险：虽然一般情况下，近期期权时间价值衰减快于远期期权，但市场情况复杂多变，可能出现时间价值变化不符合预期的情况。对此，投资者需要密切关注期权的希腊字母（如 theta 值），及时调整策略。

三、风险提示

日历交易策略虽然是一类较为保守的稳定盈利策略，但在策略实施过程中仍然面临一些风险。

1. 利率风险

（1）资金成本对资产价格直接影响方面。如果投资者采用杠杆进行日历交易，利率的波动会直接影响资金成本。当利率上升时，借款成本增加，即使交易策略本身盈利，但扣除增加的利息成本后，实际收益可能会大幅减少，甚至可能导致亏损。例如，在融资买入近月合约、卖出远月合约的日历套利中，利率上升使融资成本上升，若价差变化带来的收益无法覆盖成本，就会出现亏损。

（2）资金成本对资产价格的间接影响方面。利率是影响金融市场资产价格的重要因素，一般来说，利率上升资产价格倾向于下跌，利率下降资产价格则倾向于上涨。在日历交易中，不同期限的合约对利率变动的敏感度不同，这可能导致价差出现意外变化。比如在利率上升预期强烈时，远月期货合约价格下跌幅度可能大于近月合约，使得原本预期的价差缩小趋势逆转，给日历交易者带来损失。

2. 保证金风险

（1）初始保证金不足风险。在日历交易中，投资者需要同时买卖不同期限的合约，这意味着需要缴纳多份初始保证金。如果市场波动较大，交易所或经纪商可能会提高保证金比例，若投资者初始资金准备不充分，无法满足提高后的保证金要求，就可能面临被强制平仓的风险。例如在期货市场行情大幅波动时，交易所将保证金比例从 10%提高到 15%，投资者因资金不足无法追加保证金，其持有的日历套利头寸可能被部分或全部平仓。

（2）维持保证金风险。随着市场价格的变动，投资者账户内的保证金余额会发生变化。当由于价差变动等原因导致账户保证金余额低于维持保证金水平时，投资者会收到保证金追加通知。若未能及时追加保证金，经纪商为控制风险会对投资者的头寸进行强制平仓，使投资者无法按照原计划持有头寸至预期的价差回归，从而导致潜在的盈利机会丧失或出现更大的亏损。

3. 期权展期风险

（1）价差变化风险。如前文所述，展期操作是将即将到期的合约平仓，同时开仓较远月份的合约，在这个过程中，不同合约之间的价差可能发生不利变化。如果远月合约价格上涨幅度小于近月合约，或者远月合约价格下跌幅度大于近月合约，就会导致展期后的价差不理想，甚至可能使原本盈利的头寸变为亏损。例如在原油期货的日历交易中，近月合约到期时，远月合约因市场对未来供应预期增加而价格大幅下跌，导致展期后价差扩大，投资者遭受损失。

（2）流动性风险。远月合约的流动性通常比近月合约差，在进行展期操作时，可能难以按照理想的价格成交。如果市场上对远月合约的买卖兴趣较低，投资者为了尽快完成展期，可能需要接受更差的价格，从而增加了交易成本，降低了策略的盈利能力。比如在一些农产品期货市场，远月合约的成交量较小，投资者在展期时可能需要以较大的买卖价差来完成交易，导致成本上升。

（3）市场预期变化风险。展期意味着投资者对市场的看法从短期转向了中期或长期，在此期间市场预期可能发生重大变化。新的宏观经济数据、政策调整、行业动态等因素都可能改变市场对商品或资产的供需关系预期，进而影响远月合约的价格走势。例如在金属期货市场，若在展期后出台了更严格的环保政策，限制了金属的生产供应，远月合约价格可能会因供应预期减少而上涨，但上涨幅度可能与投资者展期时的预期不符，给交易带来风险。

除了上述风险外，日历交易策略还存在基差风险、波动率风险、政策法规风险等，投资者在使用该策略时需要充分考虑各种风险因素，做好风险管理。

第二部分

多资产多策略投资实战

第五章

商品投资策略——以黄金投资为例

> 你可能是在好消息已经被市场预期了的时候买入,并在不好的消息已经被市场预期了的时候卖出。
>
> ——《如何从商品期货交易中获利》
>
> (威廉·D. 江恩)

本章内容从买方的视角来分析黄金的投资框架和黄金基金的风险收益。本章主要探讨黄金的本质、黄金的投资分析框架、黄金基金的投资及风险分析、黄金基金市场的展望。

第一节 黄金的本质什么

在封建社会时期,黄金是与其他货币一起流通同时又超越一般等价物而存在的贵金属。在现代工业体系中,黄金是一种重要的工业金属，尤其在芯片、电路领域具有广泛的运用。在布雷顿森林体系解体后的现代货币体系中，黄金的本质是货币（一般等价物）的影子，是法定信用货币的兜底，但又不能像法定货币一样进行流通，具有矛盾性（既要用美元来进行计价，又会随着美元体系通胀的抬升而出现价格上行）。但无论什么时期，黄金都具有使用价值、投资价值、货币功能，这也就使得黄金具有两类重要属性：商品属性和金融属性（含货币属性、投资属性、避险属性）。

商品属性体现在工业金属需求、首饰需求等方面，商品属性是黄金具有价值的基础，其使用价值表现在作为普通商品的各种具体用途上，如金饰需求和工业（科技）需求等。从商品角度出发，又发现金价走势与供求关系并不完全一致？这是因为黄金还有金融属性。

金融属性则体现在货币属性、投资属性及避险属性三个方面。一是货币属性：美元定价框架（美元指数、其他货币相对强弱），黄金的货币属性决定了其与美元指数多数时期反向变动。二是投资属性：投资属性体现在流动性与投资框架上，黄金价格与实际利率较常呈现负相关，流动性宽松推升具备抗通胀属性的黄金价格。三是由于投资的相关性问题，衍生出黄金的避险属性：在避险分析框架中，当全球风险（金融危机、地缘政治不稳定、石油危机等）加剧时，金价随恐慌指数的升高而走高，此时美元价格可能与货币价格同时上涨。

第二节 影响黄金价格的逻辑是什么

目前黄金价格在市场上有三种主流的分析逻辑：经济维度的逻辑、时间维度的逻辑和供需维度的逻辑。

一、经济维度的逻辑

经济维度的逻辑包括两个最基础的价格指标：利率与汇率。在经济复苏期，金价与美元指数、实际利率大致呈现负相关。在经济过热时，黄金避险属性或支撑金价。在经济滞涨期，货币属性、金融属性与避险属性均会影响金价，前期金价与美元指数、实际利率的相关性更高，后期因为市场预期衰退，避险属性或支持金价在加息背景下维持高位。

利率因素方面，美元名义利率影响黄金价格上涨的上限，美元实际利率决定黄金价格的下限。实际利率基本上是一个国家潜在经济增速最重要的表达，通常作为各类资产价格的贴现因子的构成部分，例如 2023 年的黄金价格的上行包含了美元实际利率下行的预期。但同时要看到的是，黄金作为抵抗通胀的重要资产，美元大量的发行推动了通胀，名义利率快速上行，黄金价格也得到了推升。

美国国债（简称美债）实际利率自 2023 年以来处在最近十年的高位，如图 5-1 所示，有下行的空间，从美债实际利率与黄金价格呈负相关来看，黄金定价理论上有上涨动力。

汇率因素方面，从两个维度理解。一个维度是定价基准（包括三个逻辑：定价权在哪里？定价货币是谁？定价替代谁？）。定价权在哪里，需要看最重要的交易所在哪里。目前全球黄金市场最重要的两个价格是伦敦金现货价格和纽约 COMEX 黄金价格，定价货币为美元，不是主流的欧元和英镑，美元对其当年的替代品黄金具有绝对的定价货币优势。同样，从定价替代来看，目前即使有部分国家有自身货币的黄金报价，但仍然需要通过汇率换算成本币来进行，考虑到本币定价及交易的封闭性，本币定价的黄金与美元定价直接折算的价格会有折溢价。另一个维度是汇率换算（黄金与美元换算，美元与本币换算）。2023年的6月中下旬、8月和9月的中上旬，人民币贬值导致上海金与伦敦金表现相反。

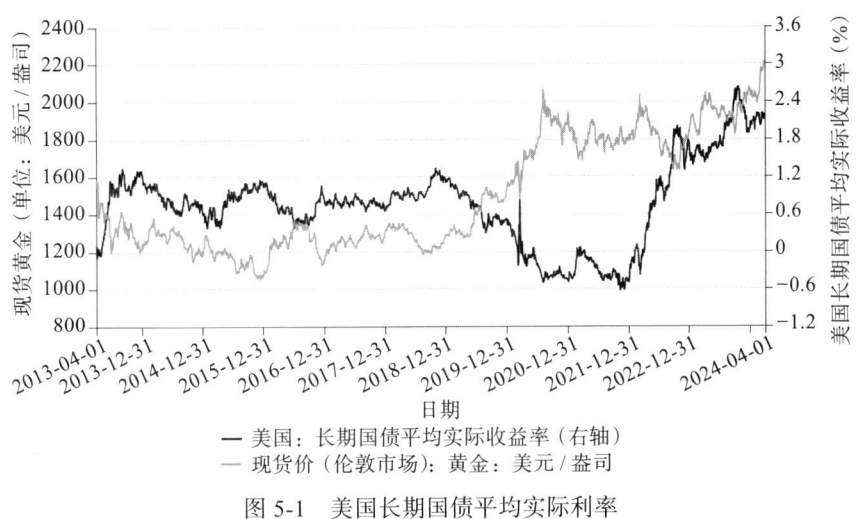

图 5-1　美国长期国债平均实际利率

资料来源：Wind。

二、时间维度的逻辑

时间维度的逻辑分为两个层面。第一个层面是时间的边际维度（价格对时间的导数，也可以理解为前述章节的 delta），黄金价格会因为突发事件（例如战争等因素）、黄金供给出现问题等因素而上行，需求的波动幅度更大，与金价波动的关联也更密切；时间的一阶导数维度，中周期维度下黄金与美国十年期国债收益率的走势呈现稳定的反向关系，体现出了黄金的金融属性。第二个层面是价格对时间的二阶导数维度（也可以理解为前述章节的 gamma），长周期维度下黄金与大宗商品走势相近，与美元指数基本反向，体现出明显的商品属性和货币属性。从时间的维度拆解影响黄金价格的因素可以看出，短中长周期的三种属性主导了黄金价格中枢的长期走势，是黄金定价的基本逻辑。

自布雷顿森林体系和牙买加体系以来的黄金价格，如图 5-2 所示。

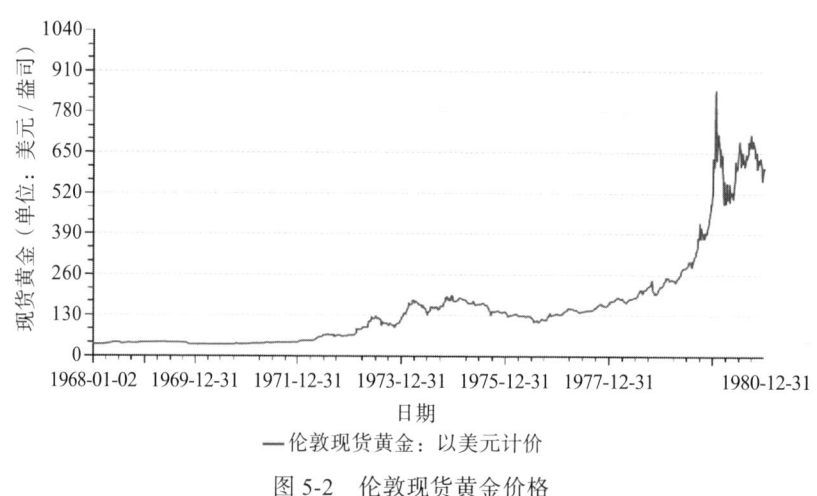

图 5-2　伦敦现货黄金价格

资料来源：Wind。

布雷顿森林体系下，黄金和美元固定价格，各国央行可以按照固定的价格从美国购买黄金运回本国或者存放在美国。随着战后各国经济快速发展，各国购买力增强，通过贸易赚取的美元能够购买的黄金数量越来越多，导致美国无法承受巨额的黄金从本国政府手中流失，也是经历了 20 世纪 70 年代的大通胀，美国单方面取消了黄金与美元的固定比例，黄金价格实现了自由波动。

三、供需维度的逻辑

黄金的几个属性衍生出三大需求：一是官方储备需求，作为官方货币的压舱石；二是投资需求，投资黄金获取价格上涨带来的收益从而抵抗通货膨胀；三是避险需求，以黄金作为其他资产的对冲工具，进行避险。

从世界黄金协会每季度公布的数据来看，2023年第三季度全球黄金需求（不含OTC及其他）同比减少71.7吨，如图5-3所示，央行购金量环比明显回升，但同比下降拖累了全球黄金需求的同比变化。珠宝需求小幅回落，珠宝商囤货量环比以及同比均出现回升，珠宝消费同比小幅回落。投资需求因为ETF需求同比回升而出现回升，不过这一回升是因为2023年第三季度ETF需求同比下降幅度小于2022年第三季度所致，绝对来看2023年第三季度全球黄金ETF净流出，第三季度全球金条、金币投资需求同比均出现下滑。2023年第四季度黄金需求达到1150吨（不包括场外交易和库存流量），比五年平均水平高8%。不过，与2022年同期创纪录的1303吨相比，2023年第四季度黄金需求仍同比减少了13%。第四季度央行购金同比下降，抵消了科技用金和ETF的同比增幅。

与表现强劲的2022年相比，2023年全年黄金总需求量（不包括场外交易）为4448吨，如图5-4所示。相比需求强劲的2022年减少5%。2023年，包括场外交易和库存流量（450吨）在内的黄金总需求达到4899吨，创下历史最高纪录。

各经济体央行继续大举购入黄金。2023年净购金量为1037吨，只比2022年的历史记录少了45吨。

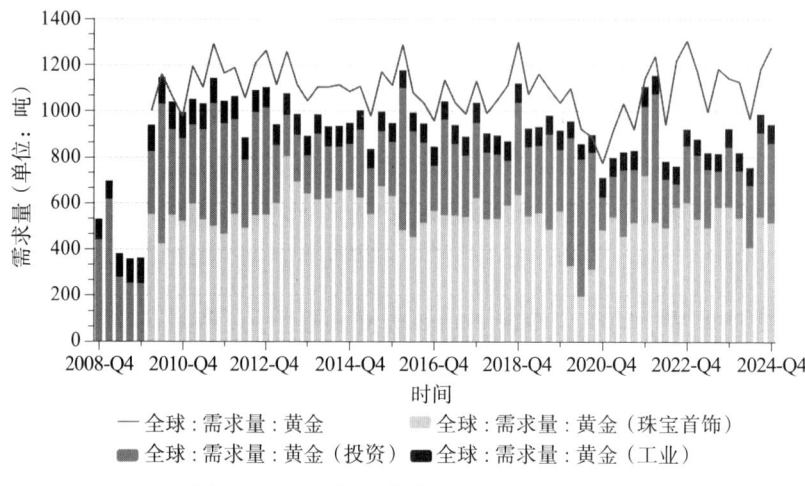

图 5-3 2008 年以来黄金的主要需求分布

资料来源：Wind。

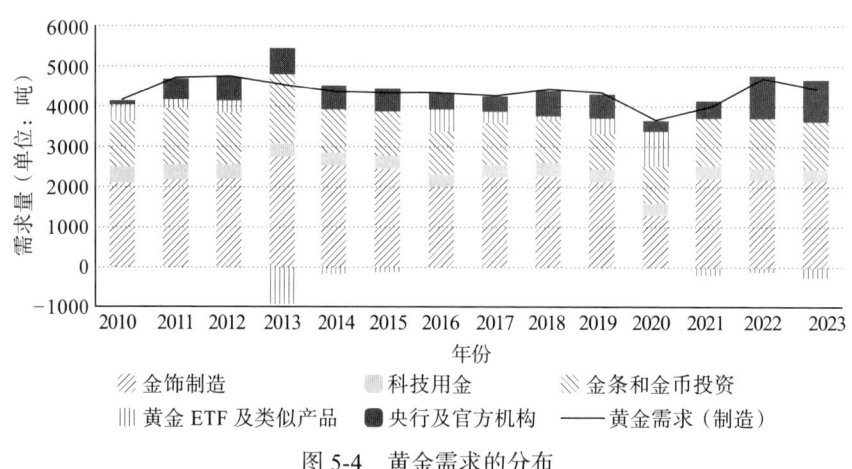

图 5-4 黄金需求的分布

资料来源：金属聚焦公司，世界黄金协会。

全球黄金 ETF 连续第三年流出，2023 年全年共流出 244 吨。接近岁尾，ETF 的流出速度明显放缓，但 10 月的大幅流出已经奠定了第四季度净流出的基调。东西方主要市场此消彼长,导致全年金条和金币投资需求小幅收缩(同比减少3%)。在金价高企的背景下,2023年全球金饰消费仍稳定在2093吨的水平。经济复苏为全球金饰需求的增长注入强劲动力。虽然2023年第四季度电子产品用金需求量出现回暖,然而全年科技用金需求量低于300吨,为有该项数据记录以来的首次。

分区域来看,全球黄金需求分化。亚洲黄金ETF需求量和金条、金币投资量在第三季度保持同比正增长,欧美的黄金需求量回落。

央行购金方面,据外汇管理局数据显示,截至2023年11月月底,中国已连续13个月增持黄金,当前黄金储备已达2226.39吨,为1949年以来新高,全球前三季度净购金近800吨,如图5-5所示。

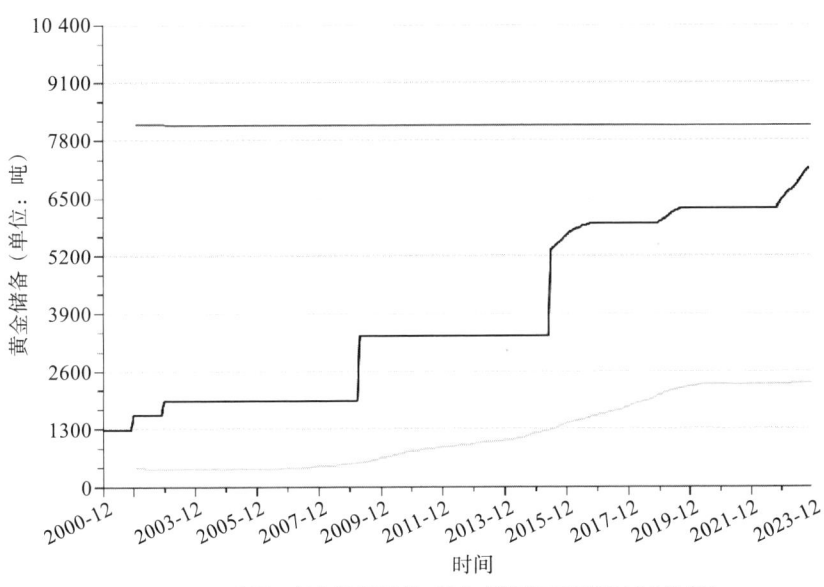

图 5-5　2000 年以来央行黄金储备情况

黄金的供给相对稳定。供给整体主要来自三块：金矿生产金、回收金再利用、生产商净套保。全球黄金协会的数据显示（如表 5-1 所示），金矿的生产仍然是最重要的来源，近五年占比稳定在 73%～77%。长周期来看，全球黄金产量近年来相对稳定，整体变化不大。从公布的产量统计数据来看，2016～2023 年在 3100 吨～3300 吨波动。2023 年金矿产量同比增长 1%，达到 3644 吨，但仍低于 2018 年创纪录的高位水平，全年黄金回收与金价走势一致，回收量增至 1237 吨，同比增长 9%，受此推动，黄金总供应量同比增加 3%。

从国家维度上来看，世界黄金协会披露了最新的全球前五大黄金生产国排名（如表 5-2 所示），中国依然是全球最大的黄金生产国和消费国。2020 年以来，中国、俄罗斯和澳大利亚 3 个国家的黄金产量之和占了全球黄金产量的 31%。中国作为近年来世界最大的黄金生产国，产量约占全球总量的 11%。

生产商净套保主要是指矿业公司通过期货等衍生品进行套期保值，可理解为提前交易未来生产的黄金，由于近年来金价总体处于上涨趋势当中，生产商根据市场的判断降低了套保规模，因此净套保出现负值。

金矿产量与全球 GDP 走势基本一致（如图 5-6 所示），需求的不断增加叠加技术和设备进步共同推动黄金的开采与生产，但由于从金矿勘探到开采再到商业化生产的属性，产量与黄金价格的变化并不敏感（或者说较长的反应周期平滑了对价格变化的反馈力度），金价和金矿供应关联度存在内在滞后性。

表 5-1 2010～2020 年黄金的供给情况

(单位：吨)

供应量	2010年	2011年	2012年	2013年	2014年	2015年	2016年	2017年	2018年	2019年	2020年
金矿生产金	2754.50	2876.90	2957.20	3164.30	3271.10	3364.30	3512.40	3576.30	3650.50	3596.80	3486.50
生产商净套保	-108.8	22.5	-45.3	-27.9	104.9	12.9	37.6	-25.5	-12.5	6.2	-51.9
回收金再利用	1671.10	1626.10	1637.10	1197.00	1131.50	1069.60	1232.70	1111.40	1132.00	1272.20	1277.70
总供应量	4316.70	4525.50	4549.00	4333.40	4507.50	4446.80	4782.70	4662.10	4770.10	4875.20	4712.40

表 5-2 主要黄金生产国金矿产量情况

(单位：吨)

序号	指标名称	中国：产量：金矿	俄罗斯：产量：金矿	澳大利亚：产量：金矿	美国：产量：金矿	南非：产量：金矿
1	2022 年	330.00	320.00	320.00	170.00	110.00
2	2021 年	329.00	320.00	315.00	187.00	107.00
3	2020 年	365.00	305.00	328.00	193.00	96.00
4	2019 年	380.00	305.00	325.00	200.00	105.00
5	2018 年	401.00	311.00	315.00	226.00	117.00

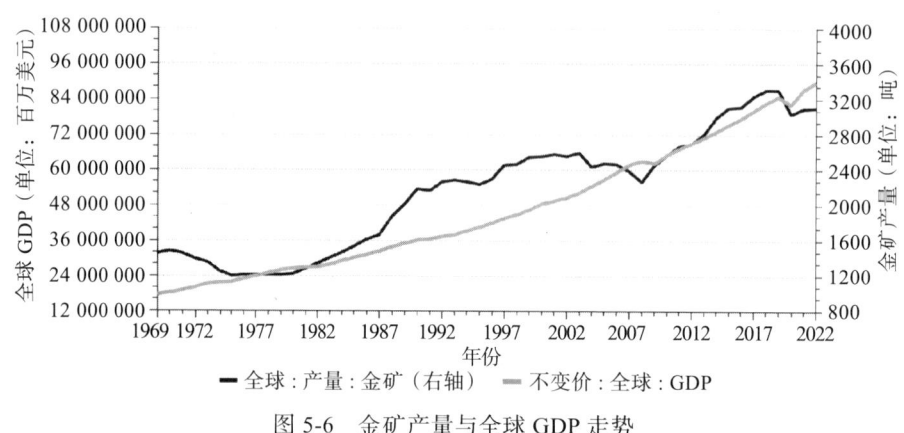

图 5-6　金矿产量与全球 GDP 走势

资料来源：Wind。

四、黄金的价格走势

正常的逻辑是当黄金价格开始攀升时，勘探就会增加；当黄金价格呈下降趋势时，勘探和产金活动就会相对减少。但实际情况中，矿山供应的反应往往相对滞后，原因在于即使金价趋势走低，金矿开采公司通常也会继续完成已经开工的项目。只有当金价企稳并开始走高以后，金矿开采公司才会开始放松与削减成本有关的项目，并且黄金开采是一种长期业务，从勘探、可行性研究到项目审批，使一座有潜力的金矿达到可以进行商业生产的程度，往往需要数年时间。

自 1968 年以来，黄金价格经历了超过 5 轮的大小牛市，牛市持续时间基本都超过 10 年。本轮黄金牛市自 2016 年低点震荡至 2019 年年中后开始快速上行，在 2020 年新冠疫情暴发初期有一定的回调，后续由于多个国家名义利率落入负区间，黄金价值凸显，价格创新高达到 2075 美元/盎司。后续价格震荡，2022 年俄乌冲突后价格走高到

2070 美元/盎司，2023 年年初由于美国实际利率走高和加息，黄金价格有所调整并回落。2023 年 10 月以来，由于巴以冲突、美元降息预期、实际利率走低等多重因素，推动金价创历史新高至 2146 美元/盎司，2023 年年底在 2600 美元/盎司左右震荡（见图 5-7）。

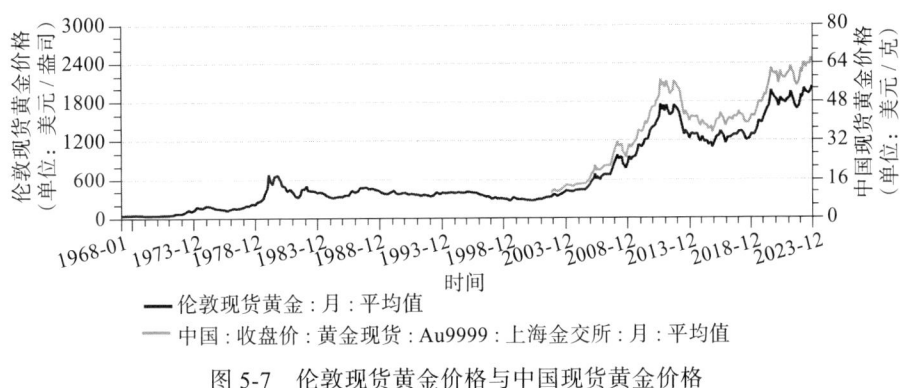

图 5-7　伦敦现货黄金价格与中国现货黄金价格

资料来源：Wind。

2019 年 7 月 2 日至 2019 年 8 月 6 日的黄金 ETF 价格与沪深 300 指数走势如图 5-8 所示，在中美贸易摩擦阶段，配置黄金可以与国内的权益资产进行对冲。

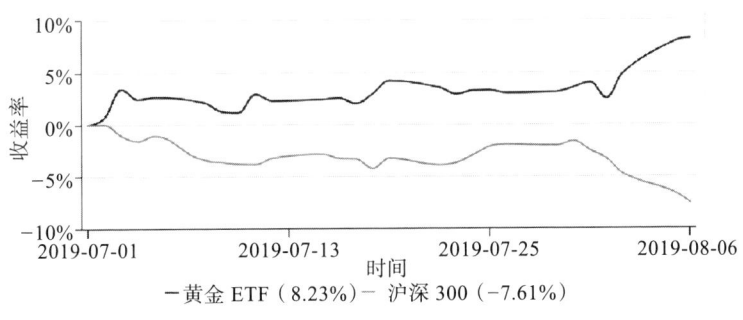

图 5-8　黄金 ETF 价格与沪深 300 指数走势

如图 5-9 所示，2016 年 6 月 6 日至 2016 年 8 月 15 日英国脱欧期间黄金价格上行，沪深 300 指数基本上横盘。

图 5-9　英国脱欧期间黄金 ETF 价格与沪深 300 指数走势

黄金价格回撤方面，2020 年至 2023 年之间，2020 年 8 月之后最大回撤在 13% 左右，主要逻辑是通胀上行后，负利率逐渐消失；2022 年 3 月俄乌冲突新高后的最大回撤在 15% 左右，这是因为国际政治因素触发避险情绪导致的价格上行后正常回调；2023 年 5 月后的最大回撤为 11%，主要是美国银行危机解除后，美元加息次数预期下降，预期未来美元实际利率会有所抬升。

黄金价格的波动还涉及两种性质的地缘因素。一是和平因素，例如英国脱欧、贸易摩擦，属于经济因素引发的地缘政治波动。二是战争因素，例如 2023 年 10 月以来的巴以冲突推动黄金价格由 1820 美元/盎司上涨到 2000 美元/盎司，上涨幅度为 9.8%；2001 年的美国"9·11"事件，黄金价格由 271 美元/盎司涨到 291 美元/盎司，上涨幅度为 7%。

第三节　国内投资黄金基金的方式

一、国内黄金基金的概况

一般意义上讲的黄金基金（包括场内交易的黄金 ETF 和可场外申购的黄金基金）主要指投资黄金期货、黄金现货、挂钩黄金指数相关的公募基金，不包括投资黄金上市公司的权益性 ETF。黄金基金属于商品基金的一种。

国内黄金 ETF 主要包括普通的黄金 ETF 及上海金 ETF。普通的黄金 ETF 主要投资于上海金交所的 Au99.99 合约，而上海金 ETF 则主要投资于上海黄金交易所的上海金合约，普通的黄金 ETF 规模远大于上海金 ETF。市场上华安基金、博时基金、易方达基金、国泰基金四家基金公司的黄金 ETF 规模较大。

二、国内投资黄金基金的方式

目前投资者能参与的黄金基金产品有三种（公募基金发行的黄金 ETF、上海金 ETF、黄金 ETF 联结基金），对应三类交易方式（场内交易、场外申赎、实物黄金申赎）。

1. 三种黄金基金产品

从严格的定义来看，黄金 ETF（场内交易）和黄金 ETF 联结基金（场外申赎）是一种以黄金为基础投资标的，主要投资于上海金交所 Au99.99 合约，追踪现货黄金价格波动并可以在证券市场交易的基金产品。国内的黄金 ETF 是投资于上海黄金交易所的黄金现货合约，紧密跟踪主要黄金现货合约的价格变化，一手（100 份）黄金 ETF 对应 1 克黄金，黄金 ETF 相当于是存放在上海黄金交易所的实物黄金的持有凭证。

从黄金 ETF 的特征来看，黄金 ETF 一般具有支持 T+0 交易、投资效率高、投资门槛低、费用低廉，以及可以通过黄金租赁获取额外收益等特点。

上海金 ETF 基金主要投资于上海金交所的"上海金"合约。

2. 黄金基金的两种交易机制

（1）二级市场交易。二级市场交易主要分为三类。第一类主要是投资者通过证券账户在二级市场交易黄金 ETF，支持 T+0 交易，从而提升黄金 ETF 的流动性和资金使用效率。第二类为现金申赎，主要是投资者可以使用现金直接申购 ETF 份额或者赎回 ETF 份额获得现金，例如投资者 T 日提交的现金申购申请，在受理并确认后，基金份额在 T+1 日可卖出、可赎回。第三类为实物申赎，指的是投资者在金交所会员单位开设黄金交易账户，然后提交上海证券交易所账户与黄金交易账户的绑定申请，可进行实物申赎，例如投资者 T 日提交的黄金现货合约申购申请，在受理并确认后，基金份额在 T 日可卖出、可赎回。除了前述现金、现货申赎，还有集合现金或现货合约申购、非交易过户等方式。

（2）场外申赎。黄金 ETF 联结基金、上海金 ETF 联结基金（适用于开通了黄金 ETF 的场外申赎等业务，场外申赎的适用条件、业务办理时间、业务规则、申赎原则、申赎费用等相关事项需要根据基金公告确定）。

三、国内黄金 ETF 市场风险分析

本部分从基金的波动率、最大回撤、夏普比率等维度来分析黄金 ETF。

从近年来的业绩可以看出,大部分黄金 ETF 的近 1 年、近 3 年、近 5 年收益均为正,大幅跑赢基准和沪深 300 指数。基金净值虽有一定回撤,但从相对收益来看整体相对可控的主要逻辑在于三方面:第一,黄金作为货币的影子替代,尤其是美元替代,全球货币的超发是支撑黄金价格上涨的重要因素;第二,目前全球经济仍在持续增长,经济总量的增加支撑了对黄金的需求;第三,地缘冲突的局部紧张形势是推升黄金价格上涨的重要因素,该因素短期内可能不会消失。拉长周期看,黄金价格虽然有一定波动,但价格与经济总量走势整体仍然是呈正相关关系,如图 5-10 所示。

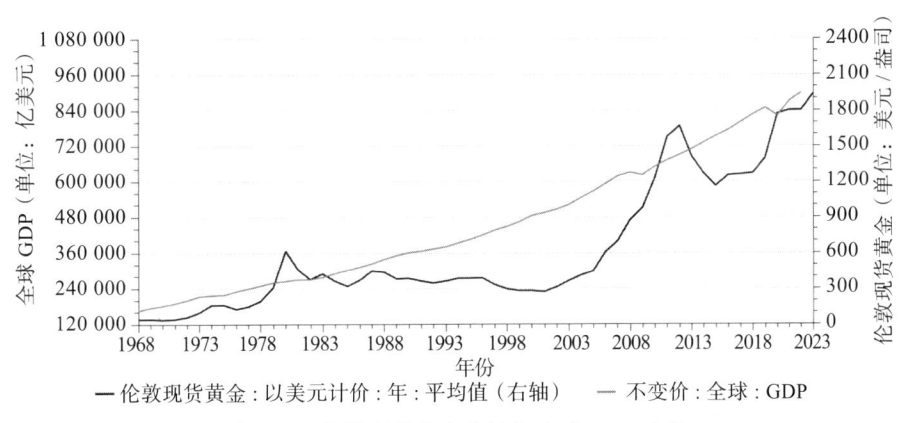

图 5-10　伦敦现货黄金价格与全球 GDP 走势

资料来源:Wind。

从价格情景分析来看,黄金价格及基金净值在不同阶段受到的影

响因素不同,价格表现幅度也有所差异。

2021年1月至2021年3月,美债收益率上行导致黄金价格下行。黄金ETF的区间收益率为-3.86%,据测算年化波动率为14.06%,黄金价格区间如图5-11所示。

图5-11 美债收益率上行导致黄金价格下行

2020年4月至2020年7月,经济复苏叠加各国央行刺激经济后促使货币流动性充裕,推动了黄金价格上行。黄金ETF区间收益率为11.3%,据测算年化波动率为12.96%,如图5-12所示。

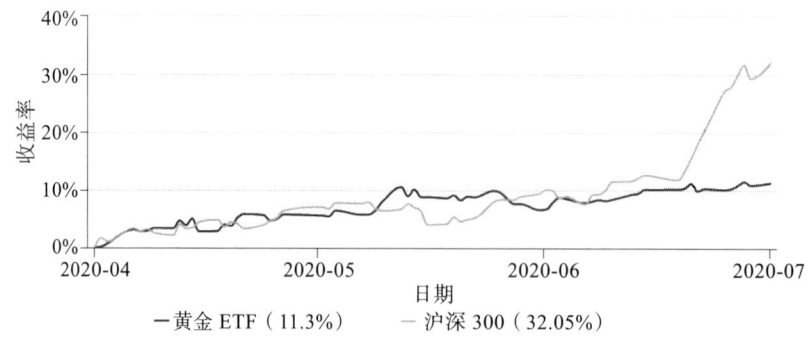

图5-12 经济复苏叠加各国央行刺激经济后黄金价格上行

第四节 国际上的黄金 ETF 市场简要分析

国际上的黄金 ETF 主要是指持有实物黄金的受监管证券，包括以受监管汇率进行交易的开放式交易基金和包括封闭式基金与共有基金在内的其他受监管产品。国际上有两种追踪黄金 ETF 资产数据的方式：一是通过持仓黄金数量，通常以"吨"为单位；二是以持仓黄金的美元等值来计算，即资产管理规模。通常还会通过观察两项关键指标（黄金需求和基金流量）来监测黄金 ETF 资产随时间变动的情况。黄金 ETF 需求是指在一段特定时期内黄金持仓量的变化，基金流量表示投资者在特定时期内投入（或撤出）某基金的资金量，单位为美元，无法直接获取基金流量时，会用特定时期内每日发行或赎回的股份数乘以这些股份的净资产价值。

国际上的黄金 ETF 于 2003 年推出以来，已大幅改变了黄金投资市场：降低了持有黄金的总体成本，提高了交易效率，增加了黄金的流动性和获取渠道，同时也增加了投资者对黄金作为战略投资资产的更多兴趣与需求。

2024 年 2 月，全球黄金 ETF[一]连续第 10 个月出现持仓吨数下降，创下自 2014 年 1 月以来最长的连跌纪录。截至 2024 年 2 月月底的数据显示，全球黄金 ETF 资产管理总规模（AUM）略跌 1%，至约合 2000 亿美元。这也是全球黄金 ETF 持仓吨数连续第 10 个月出现下跌，2 月跌幅为 34 吨（下跌 1.0%），持仓量降至 3412 吨，创下自 2014 年 1 月以来最长的连跌纪录。2023 年前两个月，全球黄金 ETF

[一] 本段"全球黄金 ETF"是指全球范围内发行的黄金 ETF，主要用来衡量全球黄金 ETF 的规模。

共流出约合 34 亿美元（约 61 吨，下跌 1.8%）。随着欧洲央行不断大幅加息，欧洲地区基金也持续推动着全球黄金 ETF 的流出。欧洲黄金 ETF 在 2023 年 2 月流出约合 12 亿美元（约 25 吨，下跌 1.7%），尽管流出量较 1 月（21 亿美元）有所减少，但仍已经创下连续 10 个月的流出纪录。其中，英国的黄金 ETF 以 13 吨、约合 7.4 亿美元流出再次占据欧洲地区基金流出量的较大比重。

第六章

信用投资策略——以高收益债投资为例

> 要理解现代公司的资本结构和建立资本战略，首先要了解推动公司治理结构的杠杆收购以及支持资本战略的高收益债券，特别是现金流分析的主导过程。
>
> ——《超能资本：高收益债券与杠杆收购》
>
> （王巍，等）

我国的信用债市场，自超日债违约以来，出现了不少风险事件，例如 2018 年的民企债危机、2020 年年底的永煤兑付危机、2021 年开始爆发的房地产债危机等。其中，最安全的是有刚兑信仰的城投债，使得部分在所谓的投资经理位置上的人名利双收，例如部分看好高收益城投的资管和基金、部分估值优势的券商自营等。但本书不打算赘述城投债，也不准备讲二级资本债、永续债这种工具，本书从我国还不成熟的高收益债，尤其是违约后的部分高收益债入手进行分析，简述投资标准和理念。

第一节 高收益债的投资标准及风险之问

一、高收益债来源

本书将高收益债分为两大类。第一类是正常债券市场中部分企业发生风险事件后出现的高风险债，第二类是低评级公司发行的高收益债。Wind 数据显示，截至 2024 月 12 月 16 日，全市场债券违约 9730 亿元，其中房地产行业违约 3988 亿元，工业企业违约 1982 亿元。综合市场情况来看，高收益债有两个市场特征。

第一个特征是高风险与高收益并存，高收益债投资者面临着较高的违约风险，但相应地，一旦债券发行企业经营状况良好，投资者将获得远高于投资级债券的收益，这种风险收益特征吸引了风险偏好较高的投资者，如对冲基金等。

第二个特征是高收益债市场波动较大。受宏观经济环境、企业信用状况变化等因素影响，高收益债的价格波动较为频繁。在经济衰退时期，企业违约概率上升，高收益债价格往往大幅下跌，而在经济繁荣阶段，其价格则可能显著上涨。

正常市场出现的风险债，目前看包括 2011 年前后的城投危机、2018 年的民企债危机、2021 年开始的房地产债危机及部分高收益城投债。高收益债一般是为了支持初创企业发行的收益率较高的债券，海外还存在困境企业发行的垃圾债。国务院新闻办公室于 2023 年 7 月 27 日举行的国务院政策例行吹风会上透露，金融管理部门将重点从四个方面进一步增强债券市场支持科技创新能力。一是进一步推动扩大科技型企业发债规模，为科创型企业发债开辟绿色通道，将其放在优先发债的位置。二是研究推进高收益债券市场建设，面向科技型中小企业融资需求，建设高收益债券专属平台，设计符合高收益特征的交易机制与系统，同时加强专业投资者的培育。三是进一步丰富科创类债券产品，鼓励发行混合型科创票据，就是债和股融合在一起的票据，募集资金可投资科创型企业股权，债券的票面收益可以和科技型未来的成长收益挂钩。支持非上市科技型企业发行含转股条件的创新公司债券，加强股债联动。四是进一步优化科创型企业发债融资环境，包括评级机构、评级方法、评级覆盖面等。

二、如何确定高收益债投资标准

笔者认为，投资高收益债一般要考虑上市公司或上市公司股东、行业龙头、经营情况、银行贷款比例等。高收益债市场"基础设施"建设不完整是一大障碍，有效信用评级体系缺失是另一大障碍。在当前市场化环境下，投资信用债并不是特别关注外部评级机构对债券的评级，投资机构的决策基于自身的研究和信评分析较多，例如近些年债券违约案例中就包括大量外部评级较高的债券。

在市场整体违约概率的基础上，需要分析企业的基本面，通盘考虑市场情绪下的个券安全边际。第一，要考虑主体情况，即上市公司或上市公司股东、行业龙头、国企及企业经营的情况。第二，要考虑企业外部情况，例如行业风险、企业的融资结构中银行贷款比例。第三，投资者需要考虑自身研究实力，这个研究实力不是对企业违约概率的测算和对违约后债务清算残值的测算等理论书面计算的步骤，而是在实际中的调研能力、信息获取的能力、对行业判断和政策理解的能力。

三、投资高收益债的风险收益分析

1. 策略风险

投资高收益债的策略风险体现在三个方面。一是秃鹫策略周期太长，人力、物力投入过多后，策略的收益可能难以很快兑现；二是个券策略判断可能会失误，最后投资经理或者投资组合需要承担违约的损失，导致个券的 alpha 策略失效；三是组合策略中违约企业太多或者违约残值太小，对整体的违约概率和回收率估算不足，导致组合策略失效。

2. 外部风险

投资高收益债的外部风险主要体现在买入的高收益债是否涉及结构化发行，同时也需要考虑买入债券是否涉及各类纠纷。

不管是对尚未发生违约但是已有较大风险的垃圾债，还是已经实质违约了的违约债，开始介入的时候就要考虑到最终的处置和清偿问题。但目前这一问题缺乏制度保护，大部分的违约债券发行人以民营企业为主，投资者从公开渠道对企业进行财务分析和研究很难得出支撑投资高收益债的有说服力的结论，企业的真实情况很难体现在资产负债表里，表外负债及连带责任担保很难识别，资产的转移很难通过法律手段去追查是造成高收益债投资的障碍。

第二节 高收益债投资策略三问

一、个券 alpha 策略

（1）事件冲击。例如，中兴通讯被美国制裁。个别企业受到负面事件的冲击，基于不同机构对发债主体的认知差异，有时会出现"错杀"的抛盘。通过研究去区分发行人是由于基本面恶化导致的挤兑，还是仅仅价格被"错杀"。对于基本面没有发生实质性恶化的主体，投资者可以买入等待市场情绪修复带来的价格反弹，最终获利了结。

（2）市场情绪。例如，2020年永煤事件冲击导致煤炭行业债券被抛售情绪浓厚。2021年以来房地产企业出现负面情况，地产行业的债券收益率会走高。

（3）负面影响。新城控股创始人出现负面消息后，债券被部分机构抛售，在这种非经营负面的情况下，需要对企业基本面进行深入研究，关注当地银行、企业上下游供应商甚至政府等相关部门的沟通交流，获取可靠信息，对债券实施公允定价。当市场价格和对企业价值判断发生较大偏离时，选择买入或卖出。

（4）市场对债券价值的"错杀"。2021年9月，银行永续债市场出现价格"错杀"，但本质上银行永续债价格仍是具有绝对的配置价值，后续很快价格就得到了重估，银行永续债得到了市场的重新青睐。

（5）市场清盘的高收益债机会。收益率较高的非垃圾债券具有很强的交易机会。例如，产品户在清算或者赎回时需要对底层资产卖出价格不敏感；部分银行在2024年12月中下旬对30年地方债的集中卖出所带来的交易机会。

（6）违约债券。对于已经违约或者基本确定无法足额兑付的发行主体，以绝对的低价买入，目的是博弈企业破产重整后的卖出价值或者清算价值。部分"堕落天使"在违约后通过担保求偿、抵质押物处置和债务重组方式获得的经济补偿大幅高于成本。

（7）投机策略。此时投资者下注博弈的是发行人最终会偿付而不会真正违约，博弈发行人的兑付比例高于买入的价值。

二、组合 beta 策略

在资管新规方向下，主动管理能力将是资管业的核心，对大类资产进行组合配置管理将越来越重要和普遍，其中一定会涉及对垃圾债的配置，运用组合的技术完全可以做到风险和收益的平衡。

从配置的角度来看，高收益债的优势是与其他资产的相关性较小，与利率走势关系不大，并且从海外高收益债的回报来看，与股权资产类似，比其他资产更高，波动性更小。

（1）分散化。采用分散投资策略，可降低高收益债券组合的违约率，较高的安全边际能够覆盖实际违约造成的损失，从而实现高收益债券组合的超额收益。

（2）短久期。重点投资于剩余期限在 0.5～1 年，久期短的债券。企业的信用状况判断、偿债资金来源在短期内更容易验证，短期限的高收益债相对确定性更强，但要严格控制持仓集中度。

（3）FOF/MOM⊖的形式。将垃圾债作为投资组合的一部分进行配置，不直接对其进行投资管理，而是投资其他公司发行的高收益产品，但需要防范道德风险⊖。

三、秃鹫综合策略

秃鹫综合策略是指一些小型私募机构投资人基于自己对某少数企业熟悉，了解这些企业的经营运作状况、企业管理人的信用情况等因

⊖ MOM 模式（manager of managers）是指母管理人将募集的基金资产划分成多个独立的资产单元，并委托多个第三方资产管理机构作为投资顾问提供投资建议。

⊖ 此处道德风险的意思是防止这类高收益产品与债券发行人有合谋不正当利益的风险。

素，在市场出现风险或事件型波动时，能够判断企业价值是不是被低估了，是不是可以在低价位介入。这一策略可为风险企业、风险资产及不良资产处置提供综合融资和债务安排服务，例如债券打折、债务展期、债务重组、破产清算，从中收取顾问费。

秃鹫综合策略如何进行？在高收益债（垃圾债）的秃鹫综合策略中，投资者往往需要经历从债券打折到债务重组甚至破产清算的过程。以下内容是将这些过程融入秃鹫综合策略的具体步骤。

1. 债券打折阶段

在这个阶段，由于发行企业遇到了财务困境或市场对其未来偿债能力产生怀疑，其发行的债券价格会大幅下跌，通常低于面值。投资者可以在这个阶段开始寻找潜在的投资机会，债券打折阶段实施步骤如下：一是筛选目标，寻找那些市场价格已经大幅下跌的债券，尤其是那些由于负面新闻或评级下调而导致价格暴跌的债券；二是尽职调查，对发行人的财务报表、现金流状况、债务结构进行详尽分析，评估其偿还债务的可能性；三是市场研究，了解同行业内的其他企业表现，对比分析目标企业的竞争力和发展潜力；四是法律咨询，咨询法律专业人士，了解有关债务人权益保护的相关法律规定，为后续可能的法律行动做准备。

2. 债务展期阶段

如果发行人面临短期流动性问题，但长期来看仍有偿债能力，那么可能会与债权人协商延长债务到期时间，以减轻短期偿债压力。债务展期实施步骤如下：一是参与谈判，作为债权人，积极与发行人谈判,争取最有利于自己的展期条款;二是评估方案,仔细评估展期协议中的各项条件,包括利息支付、延期期限等,确保这些条件符合自己的投资目标;三是分散风险,考虑到展期可能仍然存在风险,建议在投资组合中分散投资,降低单一债券违约带来的影响。

3. 债务重组阶段

如果发行人的财务状况严重恶化,但还有重组的可能性,那么可能会进入债务重组程序。重组通常涉及债权人的债务减免、债务转股,以帮助企业恢复运营能力。实施步骤如下:一是参与重组,积极参与发行人的债务重组过程,争取成为重组计划的一部分,从而在未来获得更好的收益;二是争取权益,在重组过程中,争取更高的优先级和更有利的条款,例如通过债转股获得股权,或是在重组后的新公司中占据重要位置;三是持续监督,重组完成后,持续监督企业的经营状况,确保其能够按照重组计划逐步恢复健康。

4. 破产清算阶段

如果发行人在经历了上述努力后仍无法摆脱财务困境,那么最终可能会走向破产清算。此时,债权人将根据法律规定的顺序获得剩余资产的分配。实施步骤如下:一是保护债权人的权益,在破产清算程序开始之前,确保自己的债权得到了法律上的确认,并参与破产管理人的选择过程;二是债权人之间的资产分配,破产清算时根据债权人的优先级进行资产分配,作为普通债权人,通常排在优先级较高的担保债权人后;三是债权退出策略,在确认无法获得满意的偿付后,制定退出策略,尽量减少损失,这可能包括出售债权给其他愿意承担更高风险的投资者。

通过上述四个阶段的详细实施步骤，投资者可以在高收益债的秃鹫综合策略中，通过专业的分析和策略调整，最大限度地保护自己的利益，并尝试在困境中寻找机会。然而需要注意的是，这些策略本身具有很高的风险，投资者应当具备相应的专业知识和经验，并做好风险管理。

第三节　高收益债择时之问

在投资中我们常常会感叹："择时正确很多时候是艺术，择时失败既显得正常又难能可贵。"事实也确实如此，著名投资人段永平先生有句话"能从别人的错误里吸取教训的那都是天才"也是这个意思，我们做不到天才，投资中可以尽量从自己的错误里学习。以下是针对高收益债择时失败的常见原因及其对策的详细分析。

一、过早介入

过早介入可以从两个维度来理解：一是市场误解，在市场对某企业或行业产生误解时，投资者可能急于认为这是抄底的好时机，但实际上企业可能还在面临更大的问题；二是情绪驱动，受到市场情绪的驱动，投资者可能在没有充分证据的情况下，认为企业即将复苏。

为了应对过早介入带来的风险，投资者可以采取以下几个对策：一是等待市场明确的信号，例如在高收益债投资介入之前，等待企业发布明确的正面信号，如业绩改善、债务重组成功、财务状况好转等；

二是投资者需要进行全面的尽职调查,包括但不限于财务报表分析,了解企业的盈利能力、现金流状况和负债情况,对管理团队进行评估,考察企业管理层的经验和能力;三是对行业进行深度分析,研究高收益债企业所在行业的现状和发展趋势,并在投资之后持续跟踪企业的最新动态,包括管理层变动、业务调整、市场反馈等。

二、忽视基本面分析

在高收益债投资过程中除了前述过早介入容易犯错外,忽视企业基本面分析也是重要的择时失败原因之一。忽视基本面分析的原因是现在的分析过于依赖技术指标而忽略了企业的经营基本面状况,同时投资者受到市场情绪的影响,忽视企业的实际经营状况。

我们投资者为避免犯忽视基本面分析的错误,一是应该主动深入研究基本面,通过细致的基本面分析了解企业的实际情况,包括分析企业的财务健康度,关注负债比率、现金流、利润率等关键指标;二是要了解企业的商业模式和盈利模式,评估其在行业中的竞争优势;三是研究企业在市场中的地位,包括市场份额、客户基础、品牌影响力等。

三、风险评估不足

高收益债投资过程中容易出现对高收益债券风险评估不足的问题,究其原因,主要有以下几点:一是低估高收益债本身的风险,没有充分认识到高收益债的高风险特性,低估了企业的债务负担和市场波动性；二是投资者可能缺乏风险管理技术，例如投资者可能没有建立有效的风险管理体系，导致在市场走向不利时无法及时止损。

我们认为，在高收益债投资过程中为了应对风险评估不足的问题，需要做到以下几点：一是要建立风险管理的意识，建立完善的风险管理体系，包括但不限于止损点设置（为每个高收益债投资标的设定明确的止损点，一旦达到止损点立即平仓）、止盈点设置（设定合理的盈利目标，达到后及时获利了结）；二是定期评估高收益债组合，主要是定期评估投资组合的业绩表现，并根据高收益债市场变化和投资目标进行战术性或者战略性的调整；三是分散投资，通过分散投资于不同的高收益债券类别，降低单一债券违约对整个投资组合的影响。

四、市场情绪影响

高收益债市场投资过程中，投资者的业绩会受到市场情绪的影响。其影响机制主要体现在两个方面：一是投资者容易跟随市场情绪，例如在市场普遍看多时，受到市场情绪的影响买入；二是投资者缺乏独立思考能力，很难在市场波动中保持冷静并做出独立判断，例如市场看空是错误的时候，投资者若缺乏独立判断能力则容易跟风卖出，丢失看涨的筹码。

具体到如何应对市场情绪影响，投资经理一方面需要培养独立思考的能力，避免情绪化决策，另一方面需要从长期的角度看待高收益债投资，关注企业的基本面价值，而不是短期的价格波动，同时坚持自己的投资逻辑和策略，不受短期市场波动的干扰。

五、法律和监管风险

高收益债投资过程中若出现风险则法律程序可能较为复杂，投资者在投资中常常忽视债务重组、破产清算等法律程序的复杂性和不确定性，尤其是当债券违约在债权追偿的过程中，投资者甚至完全不了解债权人追偿的流程，同时监管环境的变化可能影响企业的经营状况和债权人的权益。

为了应对法律程序认知缺失带来的风险，投资者需要对法律和监管流程进行全面又专业的研究，这主要体现在以下几个方面。一是投资者需要有专业的法律咨询机构，与法律顾问合作，了解高收益债相关的法律法规，确保在法律框架内维护自身作为债权人的权益；二是投资者需要如法律程序，如债务重组、破产清算等的法律程序，评估其对企业及债权人的影响；三是需要对司法环境进行评估，关注企业所在国家或地区的司法环境，评估其对债权人保护的程度；四是积极参与企业的债务重组过程，争取最有利于债权人的条款，如债务展期、债务减免、债务转股等。

通过上述详细的分析和对策，投资者可以更加系统地应对高收益债抄底失败的风险，提高投资成功的概率。

第七章

利率债投资策略
——以量化及高频交易为例

> 人之所以能够在一刹那果断坚定是坚守阵地还是迅速撤离，是过去千百年间人类在捕食者和大自然的各种威胁中不断选择和进化的结果。
>
> ——《适应性市场》(罗闻全)

技术分析作为从期货、外汇及股票交易领域总结出来的规律，本质上是交易者心理对价格的一种反馈。由此衍生出的量化交易最早也在这三个领域广泛使用。在传统固定收益领域，量化技术最先应用于具有天然优势的场内品种——国债期货。随着计算机技术的发展以及债券存量快速上行背景下交易活跃度的增加，以关键期限国开债、国债为主要代表的活跃券种成为利率高频和量化交易的主要对象。基于这一背景本章将从技术分析入手，逐步探讨量化及高频交易技术与债券市场的结合应用，以期构建完善的利率量化和高频交易的体系。

第一节　基于技术分析的交易策略

一、传统技术分析的三要素

在传统的权益或者期货的技术分析中，一般需要考虑三个重要的要素。一是时间与价格趋势的关系，时间维度分为短线、中线、长线，不同时间维度下趋势方向未必一致，不同级别的趋势强度和幅度也有差异；二是时间与空间，时间维度主要看主要趋势（1年至4年）、次级趋势（1个月至数月）、日常趋势，空间维度主要看上涨下跌的幅度；三是成交量与价格涨跌，主要体现为价格涨跌和成交量的增减变化之间的相关性分析，即日常提到的放量上涨、缩量下跌等概念。

二、技术分析的基本原则

基于技术分析的利率及期货交易策略，应该遵循以下几个原则。

一是定义趋势。技术分析的核心是找到市场价格的趋势，交易者需要寻找利率的长期趋势，以此为基础进行国债期货交易。一般而言，趋势分为上升、下降和横盘三种，交易过程中需识别并利用国债期货价格的走势。

二是确定支撑位和阻力位。技术分析中最常用的指标之一是支撑位和阻力位，支撑位是指股价下跌时可能获得买盘支撑的点位，而阻力位则是股价上涨时可能遭遇卖盘压力的点位。支撑位和阻力位对于技术分析来说是非常重要的因素，这些点位往往能够反映市场的情绪和趋势，有助于制定更加明智的交易策略。

三是制定买入和卖出策略。基于技术分析的买入和卖出策略的核心是在趋势发生变化之前进行买入或卖出，例如市场上升趋势被打破时，基于技术分析的高频交易可以制订止损线，当股价跌破该线时执行卖出操作以降低风险。

四是限制交易时间和风险。交易者必须制订合理的交易计划，包括买入和卖出的具体时间与位以及交易量的设置。此外我们作为投资者还应该设定风险控制措施，例如设置止损点和限制交易量等，以避免风险。

基于技术分析的交易策略需要在实践中不断摸索和调整。投资者正确认识市场及各种变量，严格执行止损和止盈策略，以及合理实施风险控制能够帮助交易者获得更优的交易效果。

第二节　基于微观结构的交易策略

一、基于微观结构的交易策略的定义

市场微观结构指的是市场运行的内部机制，包括市场的价格形成机制、成交方式、交易规则、市场深度等要素，在 Wind 软件中有一个关于股票市场的模块叫作市场情绪，在债券市场中可以观察债券每天的成交结构（例如机构买入卖出行为、成交的久期分布等）。基于市场微观结构的交易策略通常需要对这些要素进行深入的分析，并基于分析结果设计出合适的交易策略。该策略主要基于市场交易的信息流动（市场数据）和交易者行为特点（市场微观结构的特点），目标是发现和利用市场中的低效性和错误价格，开发出符合市场规律、适应市场变化、具有优秀绩效的交易策略。

具体到债券市场的数据包括成交量、资金流动、持仓结构变动、合约之间的力量强弱等。投资者中的行为信息包含以下三要素：债券日内交易信息、国债期货阶段性持仓变动信息、大银行及大保险配置资金的动向。

二、基于微观结构的交易策略的分类

1. 事件驱动策略

事件驱动策略是指基于对市场事件的监测和分析，在合适的时机进行交易的策略，本书第三章第三节也有过探讨。此类事件可以是与市场相关的重大事件，例如经济数据公布、公司业绩报告、政府政策变化、自然灾害等，具体到债券市场中，主要是信用状况的变化，更多的是负面信用信息，例如 2020 年年底河南某煤企突然违约。

常见的事件驱动策略包括套利策略、事件驱动交易等，这些策略需要投资者有较强的分析能力和严密的执行流程，以避免错误的决策带来的风险。

事件驱动策略的主要优点是能够快速地反映市场的变化，能够在市场出现突发性变动时进行更及时的处理。同时事件驱动策略也能够利用市场短期波动带来的机会，获取更高的收益。例如 2023 年 11 月 6 日在万科线上会议上，深圳市国资委明确表态"万科是深圳国资体系重要成员……具备足够的安全性，并没有出现传言所说的财务风险、管理风险。如有需要或遭遇极端情况，我们有充分信心、足够的资金资源和工具，通过一切可能的市场化、法治化手段帮助万科积极应对"[一],之后万科债券价格短期企稳。

2. 市场慢行者策略

市场慢行者策略是指通过利用市场微观结构的特点,发现和利用价格与流动性跨度的异质性,以截获那些较迟响应价格变化的市场交易者。它是一种基于市场微观结构的交易策略,它利用市场数据和交易者的反应速度差异,截获较迟响应价格变化的市场交易者,以获取微小的交易利润。

该策略的基本思路是对市场价格和流动性跨度的异质性进行深入分析,同时使用快速、高效的算法在发现价格变动的瞬间快速响应交易。在市场中有些交易参与者反应速度较慢,可能会错失一部分的买卖机会,而市场慢行者策略就是利用这些投资者在交易中的缺陷进行交易。例如债券交易中,自营交易的资金的稳定性较好,而广义基金的客户往往在行情确定后才会进行申赎操作,导致管理人容易在行情中处于慢行者的位置。

该策略需要借助高速计算机、快速数据传输和完善的交易算法,具有更高的程序化交易比例和频率,以快速响应和捕捉市场变化并慢慢地积累微小的利润。该策略主要用于国债期货市场。当有重要的信息公布之前或者公布超过预期的数据时,计算机的反应速度快于手工。

市场慢行者策略需要综合考虑市场变化、风险控制、产品操作和特定技术等因素,确定符合市场规律、与市场变化相容的交易策略,同时应注意合法合规运作,遵守相关监管规定。需要注意的是市场慢

[一]《证券时报》2023 年 11 月 7 日报道。

行者策略虽然能够在市场微小波动中获利，但是市场变化会影响策略的成功率和收益。选择恰当的市场波动需要主动的判断，避免在极端市场条件下产生利润大幅波动的风险。

3. 限价单填充策略

限价单填充策略（liquidity fill strategy）是一种基于市场微观结构的高频交易策略。利用市场深度情况，该策略快速响应市场微小波动，使用限价单进行逆波动交易，以获得微弱利润。

限价单填充策略要求交易者沿用买卖双方的历史交易数据，以及市场的横纵向交易数据来预测限价单和市价单的执行情况，以在市场中获利。交易者通过了解市场的交易行为、历史价格走势等信息，确定最佳的入市和离市时机，以避免市场波动对自己交易及利润的影响。限价单填充策略包括趋势跟踪策略（基于市场价的波动动态，判断当前的价格趋势，并结合交易者的市场预期，确定合适的限价单建仓点位和离场点位）、市场深度分析策略（分析市场深度数据、交易量、持仓量等市场数据，判断市场的买入和卖出力度，结合自身交易目标，确定合理的限价单价格和数量，例如国债期货持仓前十的变化、成交量及交易量的变动）、技术分析策略（通过对市场历史走势的分析，预测市场的趋势走向，并根据投资者价格目标制定相应的限价单策略，例如根据国债期货的目标价格制定策略）、时间点预测策略（通过对市场的时间序列数据进行分析，找到最佳的交易时机，例如国债期货开盘后半小时、收盘前半小时和午盘开盘是交易较为活跃的时机）。

第三节 债券量化交易策略

一、债券量化交易策略的定义

债券量化交易策略是指利用数学、统计学、计算机等技术，以及历史市场数据、技术指标等信息来制定交易策略的一种交易方法。该交易策略的特点是规则化、程序化、自动化，具有高度的可重复性和高效性，可以快速适应市场变化，提高交易效率和优化资产配置，以寻求更好的收益和风险管理。

常见的债券量化交易策略包括以下五个方面：一是均值回归策略，例如债券的收益率中枢，考虑到价格波动的自回归性和长期趋势，该策略追踪市场多个相关资产的价格波动，当其中一个资产价值偏离过多时，通过建立对冲头寸实现套利；二是市场交易动量，基于价格的短期变化规律，跟踪价格涨跌趋势，从而进行适时的买入和卖出，以获取高额的收益；三是统计套利，基于市场拥有的价格不一致性、均衡关系等特殊情况，利用市场数据、技术指标等信息，寻找市场的机会和时间；四是市场预测，利用技术指标、历史数据、新闻事件等信息，建立市场预测模型，预测市场价格变化，从而决定买卖；五是高频交易，高频交易利用计算机算法快速执行大量交易，以期在极短的时间内获取小额利润，这种策略需要高度优化的交易系统和硬件支持。

二、债券量化交易策略的分类

1. 流动性交易

流动性交易策略又可以称为做市策略，它涉及设置限价卖出或限价买入订单以赚取买卖价差，做市商充当传入市场订单的对手方，从买卖价差中获利。例如债券市场交易中，部分高频交易机构也是做市商，他们通过做市商的角色为高频交易提供流动性并从中获取微量的利润来覆盖交易费用，做市商可以通过交易中心推出的 X-Bond 平台（现券匿名点击业务），接入量化平台，可以实现自动化的报价和跟踪价格变化。

国际上最成功的做市策略券商是城堡证券，城堡证券在做市的品种丰富度、提供的资产流动性、价差与强大的资产负债表表现上都有明显的优势。大部分使用流动性交易策略的高频交易商，比如自动交易平台（Automated Trading Desk）公司主要是通过为市场提供流动性而获利。

2. 偏差套利交易

偏差套利交易策略是一系列交易策略，这些交易策略都是通过对均衡的价格偏差进行套利，包括（但不限于）配对交易、跨市场套利和波动套利。

具体来说，主要包括以下几类：一是配对交易，通过分析不同证券之间的相关性，利用证券之间出现的短期价格偏离进行交易，例如新老券的套利、活跃券与非活跃券的套利⊖、曲线利差的套利；二是跨市场套利，主要是利用在不同市场、不同时区上市的同一证券或者相似证券之间价格变化的异步性进行交易，例如银行间与交易所上市债券估值的套利、现货与期货的套利；三是波动套利策略，该策略需要

⊖ 主力券与非主力券的套利（新主力券切换的前后，当前的主力券收益率会上行，新的潜在的主力券收益率会下行，两只券之间的相对收益率变动成为偏差套利的利润来源）。

观察并分析同一标的资产所对应的不同到期日、不同执行价格的衍生品合约之间的相关性，利用该相关性的波动和均值回复特性进行交易，例如期货与现货之间的涨跌幅差异的套利。

3. 人工高频交易策略

人工高频交易策略是某专业领域熟练的交易员以快速、高效的交易方式对股票、债券、期货、外汇等金融工具进行短线投机的交易策略。人工高频交易策略依赖于交易者的经验和技能，通过快速的交易实现盈利。在交易前交易者需要准备好市场相关资料，并进行相应分析，以制订出适合的交易计划。相比于机器高频交易算法，人工高频交易更加灵活，交易者可以更好地控制交易策略和决策过程，针对不同情况进行调整。目前较多的机构在中国外汇交易中心推出的X-Bond平台（现券匿名点击平台）上进行成交活跃的利率债的人工高频交易。常见的人工高频交易策略包括以下四种：一是量化技术分析策略，交易者通过对市场历史数据的分析，使用技术分析指标检测市场的方向、动量、加速度以及市场销售压力或支撑等特点，辅以时间序列分析和数据挖掘技术，获取交易信号；二是跟踪商品期货策略，交易者通过跟踪原油、黄金、大宗商品等基础交易品类的价格变化，结合市场资讯与新闻的分析，识别交易点位，进行快速交易；三是动态管理策略，交易者根据市场流动性、价差等因素动态调整仓位和止损通知，实现资本保值和风险控制；四是捕捉孤立订单策略，交易者利用市场突发情况，从孤立的订单中寻找快速交易机会，完成低风险的中高频交易。

人工高频交易需要交易者具备高度的技术能力和市场分析能力，灵活应变，对市场价格、流动性、买卖盘等的变化具有及时的反应力和判断力，同时需要有完整的交易系统和投资策略。

同时，人工高频交易需要考虑的成本包括隐性成本（报价点差的摩擦成本、策略有效性或者机会成本）和显性成本（交易费用与清算费用）。

4. 其他策略

除了前述三种策略外，还有 Range Breaker（简称 R-Breaker）策略，这是一种日内回转交易策略，属于短线交易，比较适合日内 1 分钟和 5 分钟级别的数据，尤其在标普 500 股指期货上效果最佳。R-Breaker 策略于 1994 年公开发布，起初专用于对冲，后来延展到波段。R-Breaker 策略主要分为反转和趋势两部分，空仓时进行趋势跟踪，持仓时等待反转信号反向开仓。

除了 R-Breaker 策略，还有菲阿里四价策略。菲阿里四价策略同 R-Breaker 策略一样，是一种趋势型日内策略交易，适合短线投资者。菲阿里四价指的是昨日高点、昨日低点、昨日收盘、今日开盘四个价格。菲阿里四价策略是日内突破策略，所以每日收盘之前都需要进行平仓。菲阿里四价策略上下轨的计算非常简单，昨日高点为上轨，昨日低点为下轨。买入卖出规则也较为简单直观，当价格突破上轨时买入开仓，当价格突破下轨时卖出开仓。

第四节　固收量化展望

目前部分证券公司在固收量化领域主要是通过 X-Bond 实现，通过量化手段，依托 X-Bond 平台进行做市和日常的量化投机交易，而人工高频可以通过 X-Bond 点击和中介成交两种方式进行。笔者根据实践的经验，结合行业的发展，借鉴技术的创新和进步，提出固收量化三阶段的发展论述，未来寄希望在实践中朝着模糊正确的方向前进。

（1）量化 1.0 阶段。它包括自动化代替人工、完成做市业务（利用市场时差抢单：例如 X-Bond 和中介交易的时差、国债期货和现货交易的时差；简单的盯盘、冲量策略、算法拆单）、抢单型策略（不同市场间倒挂、自动跟踪利差）、套利型策略（跨周期、跨品种、跨市场套利策略，以国债期货和 X-Bond 上的利率高频策略为主，后续逐步加入利率互换交易）、综合交易系统（银行间、中金所、交易所等行情查看、手工下单、交易管理；FICC 业务中考虑外汇业务，统一交易、统一风控）。

（2）量化 2.0 阶段。这一阶段探索更主动的做市策略（基于利差的主动型做市策略），基于曲线做理论定价，捕捉市场不合理定价机会。

（3）量化 3.0 阶段。这一阶段人工智能与大模型相结合，将普通的语音指令、文字指令转化为机器语言和程序输出，国内 DeepSeek 对推理能力的扩展、通义千问对程序语言的优势都可以变为债券量化 3.0 阶段的工具。

第八章

外汇投资策略——以货币套利交易为例

> 布雷顿森林体系崩溃后,美国为了维持美元在世界上的地位,在 1973 年和沙特签订协议,让沙特的石油产品必须用美元计价和交易。
> ——《美元真相》(达尔辛妮·大卫)

提到外汇交易这个全球金融市场交易量最大的品种,我们可能既陌生又熟悉,熟悉的原因可能是我们每天都会接触到,陌生的原因可能是我们并没有直接从事货币对的交易和研究。本书笔者之一在 2010 年硕士实习的时候,接触了一家外汇代理的高频交易公司,通过公司提供的系统进行交易货币对的模拟交易并积累账户盈利,盈利多的人可以开始真实交易,但需要自己交一部分钱,笔者出于多方面的考虑,退出了这个系统。但这次短暂的货币对交易,让笔者亲身经历了"外汇+高频交易"这种模式,也为后来埋下了种子。笔者在银行工作期间，从偶尔帮助客户进行汇率交易的代客平盘，到黄金代客交易中进行小敞口的自营交易，再到近年来接触到的日元套息交易、使用外资进行的人民币债券与汇率的套利交易，通过实战对货币交易、货币互换有了更深的理解。

第一节　货币套利及发展

货币套利交易是一种国际投资策略，简单来说是投资者在利率较低的国家或地区借入资金，然后投资于利率较高的国家或地区，以期赚取两者之间的利差。这种交易策略不仅要求对不同国家的利率环境有深刻理解，还需要对汇率变动有敏锐的洞察力，而这背后的逻辑是对全球经济、金融及政治等框架的判断。

一、何为货币套利

1. 利率条线的逻辑

（1）货币套利中利率差异的识别与分析。投资者通过比较全球各国的利率政策，识别出存在显著利差的货币对。例如日本的低利率环境与澳大利亚的高利率环境可能为套利交易提供机会，投资者需要密切关注各国中央银行直接影响利率水平的政策动向。

（2）资金的借贷与转换过程。在低利率国家，投资者通过银行贷款或其他信贷工具借入资金，随后通过外汇市场将这些资金转换成高利率国家的货币。这个过程涉及货币兑换，可能会受到汇率波动的影响，从而影响套利成本和收益。

（3）投资高收益资产的具体操作。投资者将转换得到的高利率国家货币投资于当地金融市场的高收益资产，如定期存款、政府或企业债券、股票等，选择合适的投资工具对最大化收益和控制风险至关重要。

2. 汇率条线的逻辑

（1）对套息货币流动性和金融市场条件的评估。投资者需要评估目标投资资产的流动性，确保在市场条件变化时能够迅速进出市场。此外，市场条件的变化，如利率调整、政策变动等，都可能对套利交易的盈利性产生重大影响。

（2）汇率风险管理的策略。由于货币套利交易涉及两种货币，因此必须采取有效的汇率风险管理策略，这可能包括使用远期合约锁定汇率、购买货币期权以获得在未来某个时间以特定汇率买卖货币的权利，或其他衍生金融工具。

3. 交易条线的逻辑

（1）杠杆的使用及其风险。为了增加潜在收益，外汇交易可能会使用杠杆，即借款超出自己的本金进行投资。然而，杠杆作用同时放大了亏损的风险，任何不利的市场波动都可能导致损失的大幅增加。

（2）对交易成本的细致考量。货币套利交易的成本不仅包括借贷成本，还有货币兑换成本、交易手续费、可能的法律和合规成本，以及使用衍生品进行风险管理的成本，这些成本都需要在交易前仔细计算，以确保套利交易的盈利性。

（3）对风险与收益的综合评估。在决定进行货币套利交易之前，投资者必须对潜在的风险和收益进行全面评估，这包括对利率变动、汇率波动、信用风险、市场波动性以及宏观经济和政治事件的深入分析。

（4）对监管合规性的深入分析。货币套利交易必须遵守所有相关国家的法律法规，包括但不限于外汇管制、资本流动限制、税务规定和金融监管要求。合规性不仅关系到交易的合法性，也可能直接影响交易的成本和收益，这是在投资过程中的底线。

货币套利交易是一种复杂的金融操作，要求投资者具备跨学科的知识和技能，包括金融市场分析、风险管理、法律合规以及宏观经济理解。成功的套利交易依赖于对这些因素的综合考量和精确执行。

二、货币套利交易发展历史

货币套利交易的历史发展是一个多世纪以来全球金融市场演变的缩影，本节根据金融市场历史中重要的节点对货币套利交易的发展历程进行了划分。

1. 早期的货币套利交易形式

在中世纪，随着贸易的兴起和货币在不同地区间的流通，商人们开始注意到不同地区间的利率差异，并利用这些差异进行资本流动，这是货币套利交易的雏形，最著名的是意大利的美第奇家族在欧洲的货币套利活动。然而由于当时的通信手段有限，这种交易的范围和规模相对较小。

2. 近代布雷顿森林体系时期

第二次世界大战后，布雷顿森林体系确立了固定汇率制度，各国货币与美元挂钩，美元再与黄金挂钩，这套逻辑限制了货币套利交易的空间。在这一时期，由于汇率波动受限，货币套利的机会并不多。布雷顿森林体系的设计者之一怀特的首要意图是实现货币稳定，他将货币稳定和资本管制视作对国际经济进行调控的手段，将黄金（以及美元）视作货币稳定的锚，思考的背景是20世纪30年代大萧条时期的货币竞争性贬值以及由此带来的贸易扰乱。

3. 浮动汇率制度的兴起

20世纪70年代初，布雷顿森林体系解体，主要工业国家的货币开始实行浮动汇率制。这一变化为货币套利交易提供了新的机会，因为货币价值的波动为套利者提供了利用不同货币间利率差异的可能性。

4. 石油危机和利率波动

20世纪70年代的石油危机导致了全球经济的动荡，高通胀和经济衰退同时出现，各国中央银行为了抑制通货膨胀，纷纷提高利率。例如，美联储在20世纪70年代末期大幅提高了利率，这导致了不同国家之间利率差异的扩大，为货币套利交易创造了机会。同时随着20世纪70年代末期和80年代初期全球范围内资本管制的放松，资本流动变得更加自由，这为货币套利交易提供了便利条件。这种波动为货币套利交易者提供了利用不同国家利率差异的机会，尤其是在那些利率波动较大的国家。

5. 金融市场自由化和信息技术发展

20世纪80年代和90年代，随着金融市场自由化和全球化的推进，资本控制逐渐放松，主要体现在前述的浮动汇率制、资本账户的开放、金融工具的多样化、信息传播速度的加快等方面，为货币套利交易提供了更强的流动性和更大的机会。这一时期，国际资本流动的增加，为套利交易者提供了更多的操作空间。

20世纪八九十年代信息技术飞速发展，极大地降低了金融市场的交易成本，提高了交易效率，使得货币套利交易在全球范围内变得更加普及和便捷。同时，在线交易平台和算法交易的出现，使投资者能够快速地在不同市场间转移资金进行正常投资或套利。

6. 两次金融危机期

1997～1998年的亚洲金融危机是货币套利交易历史上的一个重要事件。危机期间许多亚洲国家的货币大幅贬值，为套利者提供了利用货币价格波动获利的机会，同时也暴露了货币套利交易的风险。

2007～2009年的全球金融危机也对货币套利交易产生了深远影响。危机期间许多国家的汇率和利率发生了剧烈变动，为套利交易者提供了机会，同时也凸显了这类交易在金融稳定性方面可能带来的风险。

7. 新兴市场崛起

进入21世纪，新兴市场国家成为全球经济增长的重要引擎，这些国家的高利率和经济增长潜力吸引了大量套利资本。随着亚洲地区经济的快速发展，投资者开始更多地关注和参与新兴市场的货币套利交易，但这些市场同时也吸引了对冲基金的投机资金。

货币套利交易的历史发展是一个不断进化的过程，它与全球金融市场的发展趋势紧密相连，受到技术进步、政策变化和宏观经济条件的共同影响。随着全球金融市场的不断演变，货币套利交易也在不断地发展和适应新的市场环境。

第二节　影响货币套利交易的因素和逻辑

除了本国的汇率和利率会影响货币套利，本节将详细阐述另外四种影响货币套利交易的因素及逻辑。

一、市场波动性的影响

市场波动性是衡量货币价值在短期内可能发生变动的指标，例如在高波动性环境下，货币对（例如欧元兑美元）的汇率值可能会出现剧烈波动，这增加了货币套利交易的风险。投资者一般使用历史波动率和隐含波动率等指标来评估市场或者资产价格的波动性，这些数据可以帮助投资者决定是否进入或退出交易，以及如何设置止损和盈利目标。

二、成本的考虑

货币套利的交易成本包括执行外汇交易时的所有费用，如交易佣金、汇率买卖差价、可能的融资成本及可能的印花税等。在高交易成本的市场中，即使两国之间资产存在显著的利率和汇率差异，套利交易的盈利性也可能受到限制。因此，投资者需要寻找成本效益高的交易渠道，并通过批量交易或利用技术降低交易频率来减少成本。

融资成本是指为进行套利交易而借入资金所需支付的利息。如果借款成本较高，会减少套利交易的净收益。例如，假设投资者以高利率借款进行套利交易，那么即使存在利率差异，也可能因为高昂的资金成本而无法实现预期利润，在日元开始实施负利率之后，国际外汇市场及日本国内均出现大量负利率借入日元投资海外高利率货币的套利交易，在 2024 年 7 月 31 日日本央行宣布加息后，套利交易的成本急剧上升，进而出现货币套息/货币套利交易的反向平盘，带动日元快速升值。

三、政治和经济稳定性的评估

政治和经济稳定性是评估投资环境的重要指标，不稳定的政治环境可能导致货币突然贬值或资本流动受到限制，这会严重影响套利交易的盈利性。政治动荡、政府更迭频繁等情况会使投资者对该国经济前景产生担忧，导致资本外流，本币贬值。例如，一些南美洲国家曾因政治不稳定，其货币在外汇市场上大幅波动，给套利交易带来极大风险。

经济稳定性影响一个国家货币政策的连续性和可预测性，这对套利交易的成功至关重要。地区冲突、贸易争端等会引发市场避险情绪，在避险情绪高涨时，投资者通常会将资金转移到安全资产上，如美元、日元等传统避险货币，导致这些货币需求增加、汇率上升。而那些处于冲突中心或受影响较大地区的货币则可能面临贬值压力，影响套利交易的方向和收益。

四、金融监管的力度

一是监管对杠杆率的限制，一些国家对个人投资者参与外汇等金融市场交易的杠杆倍数有规定。例如，美国商品期货交易委员会（CFTC）对零售外汇交易的杠杆进行限制，一般限制在 50∶1 以内。较低的杠杆倍数使得投资者无法像在无杠杆限制或高杠杆环境下那样，通过少量资金撬动大规模的套利交易，这降低了套利的潜在收益和风险。

二是风险敞口限制，监管机构可能会要求金融机构和投资者控制对单一货币的风险敞口。例如，银行被要求对某一外币的净头寸不得超过其资本的一定比例，主要是为了防止金融机构过度集中于某一货币的套利交易，一旦该货币汇率出现大幅波动，可能导致金融机构面临巨大损失，引发系统性风险。此外，随着金融全球化的发展，监管机构也关注金融机构的跨境风险敞口，对于在国际市场上进行货币套利交易的金融机构，监管机构会要求其对不同国家和地区的风险敞口进行监控和限制，避免因某个国家或地区的经济、政治危机导致金融机构遭受重大损失。

三是交易合规审查因素，监管机构会对货币套利交易的合规性进行严格审查，包括交易是否符合外汇管理规定、是否存在操纵市场等违法行为。例如，美国证券交易委员会（SEC）会对涉及外汇交易的市场操纵行为进行调查和处罚，套利者如果被发现存在违规行为，将面临巨额罚款和法律责任，这增加了套利交易的合规成本和风险。每种因素都通过不同的机制影响货币套利交易的盈利性，要求投资者进行全面的市场分析和风险评估。通过对这些因素的深入理解和量化分析，投资者可以更好地制定交易策略并优化投资组合，以实现套利交易的盈利目标。

第三节　如何通过日元看货币套利未来的趋势

在当前低利率环境下，传统的货币套利交易模式面临挑战。套利者正在寻找新的交易策略和市场，以适应全球金融市场的新变化，同时也在不断探索利用新兴市场和数字货币等新领域的套利机会。2024年3月，日本央行决定结束负利率政策，将政策利率从 −0.1% 提高到 0 至 0.1% 范围内，这是日本央行自 2007 年 2 月以来时隔 17 年的首次加息。2024 年 7 月日本央行举行货币政策会议，决定将 0 至 0.1% 的政策利率调整至 0.25%，此次加息为 3 月解除负利率政策以来的首次加息，日本加息后套利货币的反向流动导致全球金融市场剧烈震荡，日本股市一度跌幅超过 12%，日元快速升值，韩国股市也出现大跌。

接下来分析日元套利交易的逻辑与演绎案例。例如，低息的日元一直是外汇套利交易的融资货币，但套利交易在日本央行 2024 年 7 月 31 日意外的加息带动下，引发了全球资本市场的震动。本节将详细地分析 2024 年 7 月以来日元套利交易尾部风险的触发因素及逻辑演绎过程。

一、本轮日元升值的触发因素

1. 日本央行加息

2024 年 7 月中旬以来，市场对日本央行加息的预期逐渐增强。随着日本央行在 7 月 31 日意外加息，这一预期得到了市场证实。加息意味着日元的利率上升，投资者借入的日元成本增加，而原先投资于高收益资产的收益相对下降，降低了套利交易对日本国内投资者和国际投资者的吸引力，从而促使投资者开始考虑平仓套利交易。

2. 日元升值预期

日本央行加息之后，日元汇率开始快速上升。日元升值使得持有日元的成本进一步上升，原本以日元融资的高收益资产的收益率相对下降。此外，日元作为避险货币的地位也得到强化，因此投资者开始减少或平仓套利交易头寸，即卖出高收益资产，买入日元以偿还融资成本。这种大规模平仓行为进一步推高了日元汇率。

3. 美联储政策动向

由于美国就业数据不及预期，美联储在 8 月初的货币政策会议上维持利率不变，与日本央行的加息形成鲜明对比，这导致日元与美元之间的利差缩小，进一步压缩了套利交易的利润空间。投资者意识到原有的套利交易策略不再具有吸引力，因此开始减少或平仓套利交易头寸。

4. 市场情绪的变化

随着日元升值和全球风险偏好的下降，投资者开始担忧套利交易的风险。这种担忧体现在投资者减少或平仓套利交易头寸的行为上，进一步加剧了日元的升值趋势。市场情绪的变化是触发日元套利交易尾部风险的一个重要因素。

二、日元套利交易反向逻辑演绎分析

1. 套利交易平仓逻辑

在日本央行加息后，日元作为低利率融资货币的吸引力减弱。投资者意识到持有日元的成本上升，而原本投资的高收益资产的收益率下降，因此开始减少或平仓套利交易头寸，即卖出之前买入的高利率货币资产并买入日元以偿还融资成本，这种大规模的平仓行为导致日元汇率快速上升。

2. 美元 / 日元汇率变动

随着套利交易平仓增多，美元 / 日元汇率开始下跌。一方面是因为投资者抛售美元买入日元，另一方面也反映了市场对未来日美两国利差收窄的预期。此外，市场对日本央行未来进一步加息的预期也导致了美元 / 日元汇率的持续下跌。

3. 市场预期与干预

尽管市场上存在对市场干预的讨论，但干预本身不会改变日元走弱的基本逻辑。市场预期的改变和套利交易的平仓才是推动日元汇率变动的主要力量。在日本股市两次熔断跌幅超过 12% 之后，日本央行及美国有关部门都进行了讲话，市场第二天回暖。正常来看，在市场剧烈波动的情况下，即使有干预行动，也只是暂时性的，长期来看市场力量会重新主导汇率走势。

4. 尾部风险的放大

日元套利交易平仓的小概率事件一旦发生，其对市场的冲击可能会被放大。这是因为大量的套利交易头寸在同一时间内被清算,可能导致市场流动性紧张,进而加剧汇率波动。这种情况下,市场参与者可能会面临更大的损失,特别是那些使用杠杆的投资者。

5. 后续市场走势

通过细节分析来看,市场分析师表示由于日元套利交易可能进一步平仓,美元/日元汇率面临进一步下跌的风险,这意味着日元汇率短期内可能会继续走强。此外,市场情绪的变化也可能导致日元成为避险货币,从而进一步推高其汇率。

三、对日元套利交易尾部风险放大机制的讨论

1. 杠杆效应

套利交易通常涉及使用杠杆,即投资者借入的资金远超过自己的本金。当市场平稳时,这种做法可以放大收益,但在市场出现不利变化时,同样也会放大损失。

尾部风险放大杠杆风险的逻辑是,当投资者开始平仓套利交易时,由于杠杆的存在,他们的平仓动作会更加剧烈,这可能导致市场流动性迅速下降;如果大量投资者同时平仓,这种行为会进一步推高日元汇率,从而迫使更多投资者平仓,形成恶性循环。

杠杆比率的逻辑是,假设投资者使用10倍杠杆,即每1美元本金可以借入9美元进行投资,当市场走势对组合有利时,组合收益会被放大到10倍,但当市场走势不利于组合时,损失也会被放大到10倍;在平仓压力方面,当市场预期发生变化,比如日元升值预期增强时投

资者可能需要快速平仓以减少损失,由于使用了杠杆这种平仓行为,因此对市场的冲击更大;在流动性影响方面,在杠杆交易中,大量平仓可能导致市场流动性迅速下降,投资者可能无法以合理的价格卖出资产从而加剧损失。

2. 市场流动性

尾部风险放大市场流动性风险的逻辑表现在两个方面:一方面市场流动性下降意味着投资者很难以合理的价格买卖资产,这可能导致资产价格出现大幅度的波动;另一方面在套利交易平仓的过程中,如果市场流动性紧张,投资者可能需要以更低的价格出售资产,从而加大损失。

这个过程的逻辑演绎,第一层是流动性紧缩,当大量投资者同时试图平仓时,买方的需求减少,卖方的需求增加,这会导致资产价格大幅下跌;第二层是价格冲击,由于缺乏足够多的买方,投资者可能不得不接受更低的价格才能完成交易,这进一步加剧了资产价格的下跌;第三层是市场的连锁反应,资产价格的大幅下跌可能会引发更多投资者的平仓行为,形成恶性循环。

3. 市场情绪

前述高收益债投资章节也有过探讨,市场情绪的变化会对资产价格产生重大影响。当市场情绪转向负面时,投资者倾向于避免风险资产,转而寻求避险资产。

尾部风险放大套利交易市场情绪的逻辑:在日元套利交易平仓过程中,如果市场情绪转向负面,投资者可能会加速平仓,这会导致日元升值的压力加大，而且这种负面情绪可能会迅速传播，导致更多的投资者加入平仓行列，进一步加剧市场波动。

首先，市场情绪的负面变化会迅速在投资者之间传播，导致更多人采取相同的行动，即平仓套利交易。其次，导致恐慌性抛售，市场情绪的恶化可能导致投资者出现恐慌性抛售，进一步加剧资产价格的下跌。最后，投资者作为一个整体会出现一致性的风险规避行为，随着市场情绪转向负面，投资者可能转向更安全的资产，例如日元，这进一步推高日元汇率。

4. 连锁反应导致的交易拥挤

套利交易尾部风险在市场连锁反应上的逻辑：当日元套利交易平仓时，可能会导致其他市场（如股市、大宗商品市场等）出现连锁反应。例如，日元升值可能会导致股市下跌，日本股市在 2024 年 8 月两次熔断跌幅达 12%；同时，许多日本公司海外收入在换算成日元时会减少，从而影响上市公司的长期股价，这些连锁反应可能会进一步加剧日元套利交易平仓的压力，形成正反馈循环。野村证券研究表明，日元对美元每贬值 1 日元，汽车及化工等主要企业的当期利润就会上升 0.3%。

跨市场联动逻辑是日元套利交易平仓不仅影响外汇市场，还可能影响到其他资产类别，如股票和商品市场。黄金市场在 2024 年 8 月的第一周出现剧烈波动。同时随着资金的流动，投资者从风险资产撤出资金并转向避险资产，其他市场的资金流出可能会导致资产价格下跌，例如美国科技股的大跌，全球市场波动性扩散，市场之间的波动性相互传递加剧整个金融体系的波动性。

5. 政策逻辑

在市场出现极端波动时，政策制定者可能会采取行动以稳定市场。8月5日日本股票大跌，8月6日快速反弹后，8月7日日本央行副行长发表讲话并召开新闻发布会，就日元的快速上涨、股市暴跌将如何影响日本央行季度展望报告中设想的经济情景发表详细评论，讲话发布后，日元跌破147关口，美元兑日元日内涨幅扩大至2%。日本东证指数涨幅扩大至4%。政策的短期反应是修复超跌。

政策反应可能会对市场产生额外的影响。例如，如果日本央行为了遏制日元升值而进行干预，则可能会进一步加剧市场波动；同样，如果美联储或其他主要央行采取非预期的货币政策行动，也可能会对市场产生连锁反应，从而放大尾部风险。

四、结论

尾部风险的放大机制在日元套利交易中主要体现在杠杆效应、市场流动性下降、市场情绪转变以及政策反应等方面。这些因素相互作用，可能会导致原本小概率的事件对市场造成非常大的冲击。对于投资者而言，了解这些机制有助于更好地评估风险并采取适当的应对措施。在面对市场的不确定性时，采取多元化投资、对冲策略以及保持充足的流动性缓冲等措施可以帮助交易者缓解尾部风险的放大效应。

未来货币套利交易需要紧密关注技术发展和央行政策。随着高频交易和算法交易技术的发展，货币套利交易策略变得更加复杂和自动化，这些技术使得交易者能够以更快的速度和更高的精度执行交易，从而在竞争激烈的市场中获得优势。

中央银行的货币政策对货币套利交易有着决定性的影响，主要体现在两个方面。一是政策利率，中央银行通过调整政策利率来影响市场利率，从而影响借贷成本，当一个国家的政策利率高于其他国家时，投资者可能会被吸引来进行货币套利交易。例如日本银行和欧洲央行实施的负利率政策，改变了传统的利率预期，为货币套利交易提供了新的策略和机会。二是汇率预期方面，中央银行的政策会影响市场参与者对未来汇率走势的预期，如果预期某种货币会升值，那么货币套利交易的吸引力也会增加。

第九章

海外固收投资策略
——以美债投资框架为例

> 债务催生的繁荣会让人产生一种错觉，以为政府决策英明，金融机构盈利能力超凡，人们的生活水平优越，但此类繁荣多结局悲惨。
> ——《这次不一样：八百年金融危机史》
> （莱因哈特，罗格夫）

本章讨论时间规模最大的债券资产——美债的投资分析框架及国内可能投资的渠道。目前国内投资美债主要有两个途径：QDII基金与场外衍生品工具。QDII额度为国家外汇管理局批准的外汇投资限额，目前基金公司额度占比较大，信托公司部分额度，费用在2%以下，QDII基金存在的问题是投资标的；场外衍生品工具通常为国内头部券商与投资者进行的场外交易，包括普通收益互换、利率期货、期权等产品，部分机构报价手续费超过2%。

第一节　影响美债收益率的核心因素

美债根据债券的偿还期限不同，大致可分为短期国库券（T-Bills，一般是 1 年）、中期国库票据（T-Notes，一般是 2 ～ 10 年）和长期国库债券（T-Bonds，一般是 11 ～ 30 年）三类。

一、影响美债最基础的分析要素

（1）经济增长。经济增长主要看实际 GDP 与名义 GDP 增速，本节不详细分解其中消费、出口及投资的数据，主要看消费的数据，消费又看收入增速及信用卡借贷额的增速情况。

（2）通胀。通胀分为基础通胀（PPI 与 CPI）、核心通胀（PCE 与核心 PCE）。通胀的基础是货币超额发行，而货币超额发行一般有两条途径，一条是美联储购买美债往金融市场注入资金，另一条是美国财政部直接给居民发钱，最终是财政货币化促进居民的需求，从而带来实际的通胀和通胀预期。从预期学派观点来看，若某类商品的需求有上行预期，例如石油需求上行，对应油价会上涨，油价上涨就会进一步助推通胀上行，形成通胀上行的正反馈预期。

二、对伯南克利率分析框架的介绍

美联储前主席伯南克于 2013 年在分析影响长端利率逻辑的论文中，提出了影响美债长期利率的三要素分析法：通胀预期、短期的实际利率、期限溢价。伯南克分析了 2007 年至 2013 年十年期国债收益率下行的原因，自 2007 年以来，十年期国债收益率的三个组成部分都在下降，但通过这种分解将2010年以来收益率下降的大部分归因于长期溢价的大幅下降，但预期的短期实际利率成分也大幅下降，这能够让市场更仔细地考虑这三个部分的组成。长期通胀率预期接近2%的锚是影响长期利率的一个关键因素，帮助缓解了危机后强劲的通胀压力。

根据伯南克的框架，长期利率的三个组成部分自2007年以来的变化如下：

（1）通胀预期。自2007年以来，预期通胀逐渐下降并变得相当稳定。这一趋势在很大程度上得益于美联储对价格稳定的承诺和信誉的提升。特别是在2012年1月，联邦储备委员会（FOMC）发布了关于其长期目标和货币政策策略的声明，重申了2%的长期通胀目标，进一步稳定了长期通胀预期。这种稳定性有助于在危机后抑制强烈的通缩压力，并对长期利率产生了影响。

（2）预期短期实际利率路径。预期短期实际利率（即剔除通胀因素后的短期利率预期）也显著下降。这一变化反映了货币政策的立场，以及市场参与者对政策未来走向的预期。在当前环境下，政策制定者和市场普遍认为，为了支持美国经济复苏并保持通胀率接近2%，实际短期利率需要在一段时间内保持低水平。这种预期反映在了长期利率的下降中。

（3）期限溢价。期限溢价是长期利率中的剩余部分，不包括通胀预期和预期短期实际利率。自2010年以来，长期利率的下降很大程度上可归因于期限溢价的下降。期限溢价的降低可能与以下几个因素有关。第一，国债收益率的波动性下降，部分原因是短期利率接近零下限，预计在未来一段时间内将保持在这一水平。第二，债券价格与股票价格的相关性逐渐变为负相关，意味着债券作为对冲其他资产风险的工具变得更有价值。第三，由于全球对安全资产的需求增加，特别是在金融危机和欧元区问题期间，外国政府和中央银行持有大量美债，这也压低了期限溢价。第四，美联储的大规模资产购买计划（LSAP）通过购买长期国债和机构担保的证券，降低了这些资产的期限溢价，从而对长期利率产生了下行压力。

综上所述，自 2007 年以来，通胀预期的稳定性、预期短期实际利率的下降以及期限溢价的降低共同导致了长期利率的下降。这些变化反映了中央银行政策、经济前景预期以及全球金融市场动态的综合影响。从短期来看，利率与货币政策及短期内的通胀预期相关性较高。由于通胀调整缓慢，对名义短期利率的控制通常转化为对短期和中期实际短期利率的控制。从长远来看，实际利率主要由非货币因素决定，比如资本投资的预期收益，而这反过来又与经济的潜在实力密切相关。在伯南克分析市场的时期，市场收益率包含了对未来十年短期实际利率非常低的预期，这一事实表明，市场参与者预期增长将持续放缓，从而导致实际投资收益较低。预期短期实际利率的低水平可能不仅反映了投资者对缓慢周期性复苏的预期，还反映了投资者对长期增长前景的一些下调。

三、市场对长期利率担忧的逻辑

（1）经济基本面的不确定性。经济复苏的速度和强度会影响市场对长期增长和通胀的预期。如果经济复苏缓慢，市场可能会预期长期利率保持在较低水平。相反，如果经济快速增长，市场可能会预期长期利率会上升。

（2）政策路径的不确定性。中央银行的货币政策决策，如利率调整和资产购买计划，对长期利率有显著影响。市场参与者会密切关注政策声明和经济数据，以预测中央银行可能的政策动向。

（3）全球事件的影响。国际事件，如地缘政治紧张、全球金融市场动荡或重大经济数据发布，都可能影响市场对长期利率的预期，这些事件可能导致市场情绪的快速变化从而影响利率水平。

（4）模型和预测的不确定性。市场参与者通常使用各种经济模型和统计方法来预测长期利率。这些模型的假设和参数估计的不确定性会影响预测的准确性。

（5）市场结构变化。金融市场的结构变化体现在新金融工具的出现和市场参与者行为变化两个维度，这些变化都可能影响长期利率的预期。

（6）历史经验的局限性。市场参与者在预测长期利率时，往往会参考历史数据和经验。然而，历史经验可能无法完全预测未来市场的发展，特别是在面对前所未有的经济环境时。

（7）投资者情绪和行为。投资者情绪和行为也会影响长期利率的预期。例如，避险情绪可能导致投资者寻求安全资产，从而压低长期利率。相反，风险偏好的提高可能会增加对风险资产的需求，影响长期利率。

第二节　影响美债收益率的卫星因素

一、货币政策

除了日常的美联储议息会议及官员讲话会有会议纪要及日常的点阵图外，影响美债收益率的与美联储相关的因素还包括美联储的褐皮书（Beige Book），它是一份由美联储发布的经济报告，提供了关于美国 12 个联邦储备地区当前经济状况的概述。褐皮书的名称来源于其封面的颜色，与美联储的褐皮书会议相对应。褐皮书通常在每次 FOMC 会议召开前两周发布，它为 FOMC 提供了决策时的经济背景信息。

褐皮书的内容主要包括六个方面：一是经济活动，报告各地区经济增长的情况，包括消费支出、旅游业、房地产市场和其他行业的表现；二是劳动力市场，描述就业情况、工资变动、劳动力需求和供应状况；三是价格水平，提供关于商品和服务价格变化的信息，以及企业对未来价格趋势的预期；四是商业状况，包括企业销售、利润、库存水平和商业信心等方面的信息；五是农业和自然资源，针对农业、能源和其他自然资源行业的状况进行分析；六是银行和信贷，讨论信贷市场的状况，包括贷款需求、信贷标准、违约率等。褐皮书的编写依赖于美联储各地区储备银行提供的信息，这些信息通常来源于银行的业务联系、调查以及其他渠道。褐皮书不包含具体的经济预测，而是提供了一种即时的经济状况快照，帮助政策制定者理解经济的实际情况。

由于褐皮书提供了关于美国经济健康状况的实时信息，它对金融市场具有重要影响。投资者、分析师和决策者都会密切关注褐皮书的内容，以寻找关于美联储可能的政策动向的线索，尤其是关于利率决策的信息。

二、财政政策

1. 赤字率及供给

美国赤字率和美债供给体系涉及以下几个关键方面：

（1）美债种类。美债包括短期国库券、中期国库票据和长期国库债券，还有通胀保护证券（TIPS）等。

（2）美债发行方式。美债通过拍卖的方式发行。美国财政部定期举行国债拍卖，投资者（包括个人、机构和外国政府）可以参与竞标。

（3）美国国家债务管理。美国财政部的债务管理办公室负责制定和执行国债发行策略，以满足政府的融资需求并保持债务的可持续性。

（4）美债的供给规模。美债的供给量受多种因素影响，包括财政赤字规模、到期债务的再融资需求、市场条件和美联储的货币政策。

（5）美国债务上限。美国国会设定的债务上限限制了政府可以举债的最高额度。当政府债务接近这一上限时，国会需要投票提高债务上限，否则政府可能面临违约风险。投资者可以跟踪美国国会预算办公室（congressional budget office, CBO）的信息，CBO 是一个独立的非党派机构，负责为美国国会提供有关联邦预算和经济政策的分析和支持。CBO 在评估立法提案的财政影响、预测经济和预算趋势方面发挥着重要作用。此外，CBO 还会发布关于美国债务管理和财政可持续性的报告。

（6）财政政策与货币政策的协调。美联储通过开放市场操作购买或出售国债来实施货币政策，这会影响国债的供需状况和整体金融市场的流动性。

（7）美国赤字率的提高通常会导致美债供给增加，进而影响债券市场和利率水平。长期而言，持续的高赤字率和债务增长可能对国家的财政健康和信用评级产生负面影响。因此，美国政府和美联储需要在维持经济增长和控制债务水平之间找到平衡。

2. 债务上限

美国债务上限问题是指美国国会设定的联邦政府债务总额的法定

上限，这个上限限制了政府可以借入的资金量，以支付其财政义务，包括社会保障、医疗保健、军事支出、债务利息和其他政府运作费用。债务上限的设定旨在控制政府支出，防止无节制的借贷。

债务上限问题在美国政治和经济中具有重要影响，可能会影响消费者和企业的信心，从而对经济增长产生负面影响，主要体现在以下几个方面。

（1）政府融资。当政府支出超过税收收入时需要通过发行债券来融资，债务上限决定了政府可以借多少钱来覆盖这些支出。

（2）政治博弈的牺牲品。债务上限的调整通常涉及激烈的政治谈判，不同政党可能会利用债务上限作为政治筹码，推动其政策议程或争取选民支持。

（3）信用评级下调风险。如果市场认为美国政府可能无法及时提高债务上限以避免违约，这可能会影响美国的信用评级。信用评级的下降会增加美国政府借款的成本。

（4）市场波动风险。债务上限的不确定性可能会导致金融市场波动，包括股市和债市，投资者可能会因为担心美国违约风险而减少对美债的投资。

（5）美国政府关门风险。如果国会未能在截止日期前提高债务上限或暂停债务上限，可能会导致政府部分部门关闭，即政府无法获得资金来维持非必要的运作。

（6）违约风险。虽然美国历史上从未发生过政府债务违约，但如果政府无法支付其债务，将会产生严重的经济和国际信誉后果。

为了解决债务上限问题，美国国会一般会采取提高债务上限和暂停债务上限的措施。在提高债务上限方面，通过立法程序，国会可以投票提高债务上限，增加国债的供给。在暂停债务上限方面，国会可以决定暂停债务上限，允许政府在一定时期内无限制地借款。债务上限问题是美国财政政策的一个复杂且关键的组成部分，其解决方式对美国乃至全球经济都有深远的影响。由于债务上限的增加、美元公信力的下降，导致美元的全球储备份额正在趋势性下降，再结合持有海外美元最多的欧洲国家也表示，正在能源交易领域加强欧元的货币地位和数字欧元领域的去美元化，这对美国金融系统，尤其是对于美元来说，可能是最大的灰犀牛事件。这在美国出现历史性的债务违约预期增强和美国滥用其货币地位的背景下，去美元化进程将会加快。

美国债务上限对美债收益率的影响主要体现在以下几个方面。

（1）市场不确定性。债务上限的不确定性可能导致市场紧张和波动性增加，当市场预期美国可能无法及时提高债务上限时，投资者可能会要求更高的风险溢价，从而导致美债收益率上升。

（2）信用评级风险。如果债务上限问题导致美国政府违约风险上升，信用评级机构可能会下调美国的信用评级。信用评级的下降通常会导致美债收益率上升，因为投资者会要求更高的收益来补偿增加的信用风险。

（3）政府融资成本。在债务上限问题解决后，政府可能需要以更高的利率发行新债券来吸引投资者，从而提高其融资成本。这种情况下，美债收益率可能会上升。

（4）货币政策反应。美联储可能会通过货币政策来稳定市场，例如通过购买国债来增加市场流动性。这种操作可能会暂时压低美债收益率。然而，如果市场认为美联储的行动是对债务上限问题的反应，长期来看，这可能会导致通胀预期上升，进而推高美债收益率。

（5）经济增长和通胀预期。债务上限问题可能对美国经济增长和通胀产生影响，如果市场预期经济增长放缓或通胀上升，这可能会改变投资者对美债的需求，进而影响收益率。

（6）国际投资者信心。资本流出影响美债收益率，而国际投资者持有大量美债，债务上限问题可能影响他们对美国资产的信心。

（7）政府支出和税收政策。债务上限问题可能促使美国政府采取财政紧缩措施，如减少支出或增加税收，这种政策变化可能会影响经济活动，进而影响美债收益率。

总体而言，债务上限问题通过影响市场情绪、信用风险和经济预期，间接影响美债收益率。然而具体影响取决于多种因素，包括政治决策、市场预期、美联储的反应以及国际经济环境。

第三节　影响美债收益率的边缘因素

一、美债的投资者行为分析

美债的美国投资者主要是美联储、个人及保险等机构，最大的变量是美联储购债。美债的投资者行为可以从多个角度进行分析，包括投资者的类型、投资动机、市场情绪、国际投资等。以下是对美债投资者的一些分析。

1. 美债投资者类型

（1）各国中央银行，全球各国的外汇储备中有大比例的美国国债，作为外汇储备的一部分，用于货币政策操作和国际支付。

（2）全球机构投资者。全球机构投资者如养老基金、保险公司、投资基金等，它们寻求稳定的收益和风险管理。

（3）个人投资者。个人投资者包括高净值个人和普通民众，通常寻求资产保值和税收优势。

（4）外国政府和国际组织。外国政府和国际组织购买美债作为国际金融交易和储备管理的一部分。

2. 美债的投资动机

（1）收益追求。国债提供固定收益，投资者可能会根据利率预期和市场条件来调整持仓，例如我国和日本持有的美债具有稳定的收益。

（2）避险需求。在市场动荡或经济不确定性增加时，全球的投资者可能会购买国债以规避风险。

（3）流动性管理。国债市场流动性高，投资者可以迅速买卖，用于应对现金等形式的流动性需求。

（4）投资组合的多样化。国债可以作为投资组合的一部分，以分散风险和优化收益。

3. 市场情绪

市场对未来利率的预期、通胀预期以及对经济增长的预期都会影响投资者对国债的需求。政治事件、地缘政治风险和国际金融市场的波动也可能影响投资者的情绪和行为。投资者行为分析对于理解国债市场的动态至关重要，因为这些行为决定了国债价格和收益率的走势，进而影响整个金融市场和经济。

4. 国际投资

以日本及中国投资的变化为例。道明证券在 2024 年 3 月发表的报告中表示，中国和日本是抛售美债的主力，尽管有个别月份出现增持美债的举措，但这些国家大举抛售美债的行动值得关注。中国 2024 年的美债持仓已经大幅度降至 15 年以来的新低，至 8160 亿美元，并且保持了在过去的 12 个月有 9 个月抛售的状态。同时，据美国财政部在 2023 年 2 月公布的数据显示，自 2023 年 1 月以来，中国抛售美债的速度明显加快，正以迅雷不及掩耳之势抛售美债，已经净抛售了近千亿美元的美债。而日本央行以其近几十年购买美债而闻名，但现在日本的货币政策即将负利率，日本也正在推动大规模的美债抛售，正如美联储削减其 9 万亿美元资产负债表一样。

二、美债的期限溢价分析

伯南克将期限溢价定义为未被预期的实际短期利率或预期的通货膨胀所捕获的部分。一般来说，定期溢价是指投资者希望从持有长期债券中获得的额外收益，而不是在同期内持有和滚动一系列短期证券。从某种程度上说，定期溢价补偿了债券持有人的利率风险——利率变化对较长期债券的价值而言，意味着资本利得和损失风险。这种利率风险性质的两个变化可能导致了近年来期限溢价的普遍下降。首先，美债收益率在疫情之前的几年波动性有所下降，部分原因是短期利率处于低位，预计将在未来一段时间内保持不变。其次，随着时间的推移，债券价格和股票价格之间的相关性变得越来越弱，这意味着债券作为防范持有其他资产的风险的对冲手段变得更有价值。

除了利率风险外,其他一些因素也会影响定期溢价。例如,在金融震荡时期,长期限国债的价格往往受到投资者所谓的避险需求的推动,尤其是在重视国债安全性和流动性的时候。事实上,即使在较为平静的时期,全球对安全资产的需求也会增加美债的价值。

从逻辑上看影响期限溢价有两个因素,即供给和需求的市场情绪。供给上主要看短债与长债发行的比例问题。需求的市场情绪主要看 VIX 恐慌指数和非商业机构多空持仓的情况。随着市场对美联储开始取消宽松政策预期的日期越来越近,就会出现这种期限利差的上涨,期限溢价的一些正常化也可能导致长期利率的上升。

第四节　我国 QDII 制度及投资

一、QDII 定义及制度安排

QDII（qualified domestic institutional investor）,即合格境内机构投资者。在我国资本项目尚未完全放开的背景下,QDII 是一项过渡性的制度安排。QDII 是指在人民币资本项目下不可自由兑换、资本项目未完全放开的条件下,符合条件的境内基金管理公司和证券公司等机构,经有关部门批准,允许投资境外资本市场的股票、债券等有价证券的一种制度安排。其目的有两方面,一方面为了进一步开放资本账户以创造更多外汇需求,使人民币汇率更加市场化,减少贸易顺差和资本项目盈余,另一方面为满足国内投资者分散投资风险和全球资产配置的需求,减少资本通过非法途径外流,增强国内金融机构海外市场投资能力。

二、QDII 推出的深层背景

我国自 2002 年开始尝试小步放开资本市场，借鉴海外经验推出了 QFII（qualified foreign institutional investor）制度，即合格境外机构投资者制度，允许合格的境外投资者通过严格监管的专门账户投资我国国内证券市场，获取的资本利得、股息等经批准可转换为外汇汇出。随后在 2006 年 4 月推出了与 QFII 投资方向相反的 QDII 制度，实现了资本市场在一定程度上的双向开放。

三、QDII 额度及分布

根据投资主体不同，我国目前具有 QDII 资格的金融机构有证券系、保险系、银行系、信托系。其中，证券系包括券商、券商资管公司和公募基金公司，基金募集金额不少于 2 亿元人民币（或等值外币）；集合资产管理计划募集资金计划不少于 1 亿元人民币（或等值外币）。保险系包括寿险公司、财险公司和保险资管公司。QDII 额度最高的为证券系，获批额度为 905.5 亿美元，占总额度的 54.7%，接着是保险系，获批额度为 389.23 亿美元，然后是银行系（银行母行及理财子公司）合计 270.3 亿美元，最后是信托系。截至 2024 年 12 月 31 日，合计总额度 1677.89 亿美元，如图 9-1 所示。

QDII 的发展及制度的改革、额度的放开及变动的原因、与人民币汇率变动的关系等，有几个很明显的节点，如 2005 年汇率改革（主要措施为一篮子的浮动汇率制度，放弃 1998 年危机后盯住美元的制度）、2015 年汇率改革（中间价报价机制改革，参考上一日的收盘价，2017～2018 年引入逆周期调节因子）。

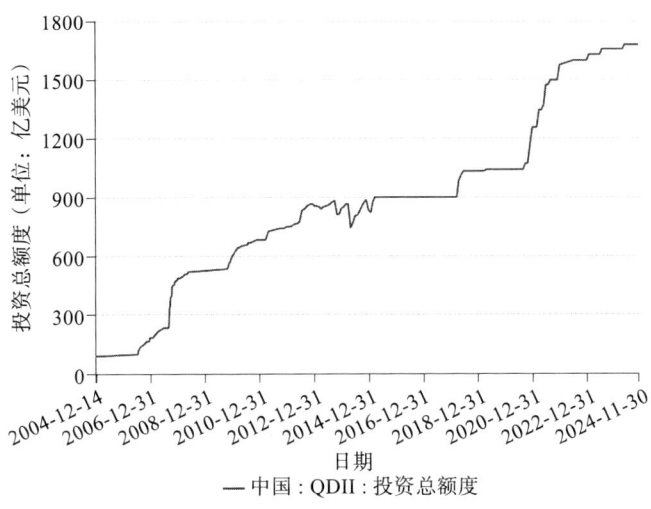

图 9-1 我国 QDII 投资总额度走势

资料来源：Wind。

涉及美债的场外衍生品主要有：美债个券的收益互换、美债指数的收益互换、外币利率互换、挂钩美债期货的期权、挂钩美债的期权等。

第十章

宽基指数投资策略
——以中证 500 指数为例

　　自指数基金之父约翰·博格创设指数基金产品以来,指数基金取得了快速的发展,投资者投资指数基金最重要的几个逻辑涉及投资效率、风险管理、成本节约、透明度以及长期增长潜力等多个方面。本章内容详细分析了这些理由。

第一节　宽基指数投资的逻辑框架

指数基金是很多投资者的明智之选，原因主要体现在三个方面。其一，分散风险优势显著。指数基金一般跟踪特定指数，像沪深 300 指数、中证 500 指数等，涵盖多只不同股票或资产，能有效分散单一股票风险，避免因个别公司经营不善导致投资遭受重创。其二，成本优势突出。与主动管理型基金不同，指数基金无须基金经理频繁选股和交易，管理费用和交易成本都较低，长期下来，能为投资者节省可观费用，切实提高实际收益。其三，业绩表现稳定。从长期视角看，市场指数能反映经济整体发展走向，指数基金跟随市场指数走势，可获取市场平均收益，表现相对稳定，契合追求稳健收益投资者的需求。

一、风险分散的优势明显

指数基金投资于该指数中包含的所有成分标的，这些标的来自不同的行业和地域或者不同的债券。通过投资一个广泛的指数组合，投资者可以有效地分散投资风险。如果某一部分市场或行业表现不佳，其他部分的表现可以部分抵消这种负面影响，通过多样化投资组合，投资者可以降低因单一股票或行业表现不佳而导致的整体投资组合亏损的风险。

二、成本效益的考量

指数基金采取跟踪某个特定的市场指数的操作，不需要频繁的买卖操作和复杂的股票选择分析。由于管理成本较低，指数基金往往拥有比主动管理型基金更低的费用比率，在正常的市场中，较低的管理费用意味着更多的投资收益可以留在投资者手中。长期来看，节省下来的费用可以显著增加投资组合的价值。

同时，从长期来看回报潜力较大。一个国家的经济正常来说是不断增长的，映射到股票市场在长期趋势上通常是上涨的，这意味着长期持有指数基金可以让投资者分享市场整体的增长。通过复利效应，早期投资的收益会随着时间的推移不断增加，即使市场短期内出现波动，长期持有也可以帮助投资者获得稳定的收益。

三、透明度和流程优势明显

指数基金的投资组合通常由所追踪指数的成分股构成，这些成分股通常是公开透明的。投资者可以清楚地知道自己投资的是哪些公司，以及这些公司在投资组合中的权重如何。反过来看，透明度高的投资工具可以让投资者更好地理解和评估投资组合，做出更加明智的投资决策。

指数基金的操作相对简单，投资者不需要具备专业的市场分析能力或花费大量的时间来监控市场动态。定期投资（定投）策略尤其适合那些希望简化投资流程的投资者，同时可以平滑市场波动的影响，减少择时压力，并且通过持续投入，可以在市场下跌时以较低成本累积更多份额。从基金自身来说，历史上大部分主动管理型基金在长期表现上未能超过市场平均水平。而指数基金通过追踪市场指数，可以提供接近市场平均水平的收益。

指数基金会定期重新平衡其投资组合，以确保它继续跟踪所选指数的表现，这种自动化的重新平衡过程有助于保持投资组合的一致性和预期的风险水平，同时也可以减轻投资者手动调整投资组合的工作量，并且有助于维持投资组合的风险属性。

综合上述理由，投资指数基金成为一种受欢迎的投资方式是有其内在逻辑的。它不仅提供了一种高效、低成本的方式来分散风险，并且还为投资者提供了一个简单的途径来分享市场的长期增长。无论是对于初学者还是经验丰富的投资者，指数基金都是一种值得考虑的投资工具。当然在做出投资决策之前，考虑个人的投资目标、风险承受能力以及市场条件等因素是非常重要的。

第二节　中证500指数投资价值分析框架

本节将以中证500指数基金为例分析宽基指数基金的投资框架。中证500指数全称为中证小盘500指数，由全部A股中剔除沪深300指数成分股及总市值排名前300位的股票后，总市值排名靠前的500只股票组成，这部分成分股脱离了中小市值的阶段，但市值还低于沪深300指数成分股中的大市值公司，综合反映的是中国A股市场中一批中小市值公司的股票价格，是一个代表我国上市公司中坚力量的宽基指数。

从图10-1可以看出，最近20年中国广义货币供应量（M2）的存量约增加12倍，剔除经济增长增加对货币的需求外，货币购买力有所下降。中证500指数在2014~2015年牛市期间最高涨幅出现过11倍左右，从众多的调研数据来看，国内资产增幅能追上M2增速的只有房价，尤其是一线城市的房价。但并不是所有人都有机会、有能力配置一线城市的房产，没有购房资格和首付资金几乎享受不了一线城市的房价涨幅。在普通居民很难从本地或者低能级跃迁到高能级的城市去配置房产的情况下，未来如何保值、增值手中的可支配收入，又不至于因为专业知识欠缺或者信息不对称导致资金本金的损失，是值得我们探索的问题。本节在上一节宽基指数的基础上，以中证500指数为例来说明普通投资者能够参与并获取收益的指数基金投资路径。

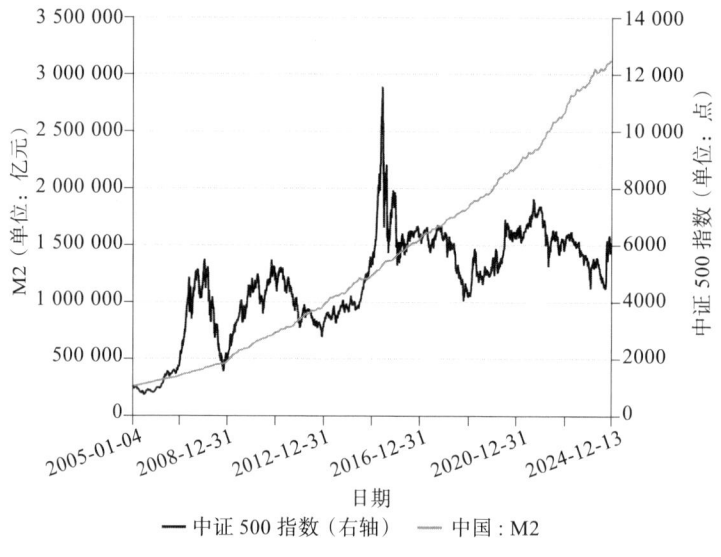

图 10-1　中证 500 指数与中国 M2 存量走势图

资料来源：Wind。

从最近 15 年的资产价格数据来看，除了房价、茅台股价跑赢了 M2 增速，其他资产价格涨幅基本都低于 M2 增速，作为普通人，在可以保值、增值的标的中，中证 500 指数涨幅相对高于 M2 增速且在每轮牛市中都会出现较大的超额收益。根据均值回归的原理，在相对收益缺口较大的时候，后续一般会出现收益的回归，然后围绕 M2 增速波动，中证 500 指数投资收益相对可观。

那么如何判断一个指数（例如中证 500 指数）是否值得投资？从两方面来判断，一是指数上涨带来的绝对价值，二是指数相对其他指数的相对价值。

首先，从两个维度逻辑分析中证 500 指数的绝对价值。第一个逻辑是广义货币流动性的角度，从图 10-1 来看，中证 500 指数上涨与 M2 存量涨幅有一定的偏离，而且大部分时候增速在 M2 下方，但从技术分析的角度来看，中证 500 指数自身的底部和中枢也在逐渐抬升。第二个逻辑是从估值角度的市盈率来看，目前市盈率处于机会值区间，远低于中位数水平，如图 10-2 所示。

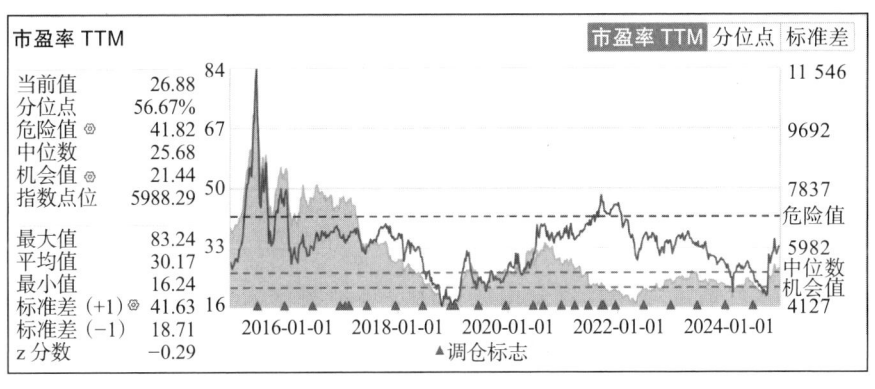

图 10-2　中证 500 指数市盈率及点位区间

其次，中证 500 指数的相对价值。中证 500 指数的投资价值体现在其相对较低的估值水平上。与沪深 300 指数等大盘指数相比，中证 500 指数的市盈率、市净率等估值指标相对较低，这意味着其具有较高的安全边际和较大的上涨空间。在投资者风险偏好逐渐提升的背景下，中证 500 指数的投资价值将得到进一步凸显。

从相对价值来看，基日都是 2004 年 12 月 31 日。沪深 300 指数 2025 年 3 月是 3900 点左右，2007 年牛市期间最高点为 5891 点，2015 年牛市期间最高点为 5353 点，2021 年的最高点是 5931 点。中证 500 指数 2025 年 3 月是 5800 点左右，2007 年的最高点是 3943 点，2015 年的最高点是 11 616 点，2021 年的最高点在 7681 点，2025 年 3 月的点位较沪深 300 指数具有相对的投资价值。

第三节　中证 500 指数走势及逻辑

接下来对中证 500 指数的行情进行分析，包括指数的走势、波动率、成交量、成分股的行业分布等方面的变化，并给出相应的投资价值分析，主要包括两方面：一是深入分析中证 500 指数的行情，包括其走势、波动率、成交量、行业分布等方面的变化；二是结合市场趋势和行业走势，给出相应的投资逻辑解读。

中证 500 指数作为反映 A 股市场中小市值公司整体状况的代表性指数，其行情走势一直备受市场关注。本节将深入分析中证 500 指数的走势、波动率、成交量以及行业分布等方面的变化，并结合市场趋势和行业走势给出相应的解读和建议。

一、中证 500 指数走势分析

中证 500 指数在 2024 年春节后呈现出较为稳定的上升态势。从长期趋势来看，该指数是在经历了一段时间的盘整后的超跌反弹，短期内指数虽有波动，但整体趋势呈触底回升的态势，仍然具有投资价值。

从经济周期维度来看，在经济扩张期，中小市值公司往往增长更快，可能会带动中证500指数上涨。从短期走势来看，2024年年初几个月中证500指数呈现震荡下行的趋势，市场对红利股的追逐并卖出中小市值股票的这种轮动，导致了中证500指数下跌。从中期走势来看，指数尽管有短期波动，但中证500指数在1年的时间维度中显示出稳步增长的迹象。从长期走势来看，中证500指数的增长趋势与中国经济长期的增长和中小企业的健康向上发展密切相关。

从国内政策环境来看，当前国内政策环境整体非常有利于资本市场的发展。政府持续推动经济结构调整，加强创新驱动，鼓励中小企业发展，这些政策都有利于中证500指数成分股中的中小企业。同时2024年9月下旬以来，中国人民银行、中国证券监督管理委员会、国家金融监督管理总局等出台了一系列稳定和促进股票市场健康发展的措施，给予了市场极大的信心和动力。

从国际经济联动来看，尽管中证500指数主要反映国内中小市值公司的表现，但国际经济环境的变化仍可能对其产生影响。例如，全球贸易局势的紧张可能影响到中证500指数成分股中以出口为导向的企业，进而影响到中证500指数的走势。

从行业周期性与季节性来看，不同行业具有不同的周期性和季节性特点。例如，某些消费行业在节假日期间可能表现较好，而周期性行业则可能受到经济周期的影响，投资者可以根据这些特点结合中证500指数的行业分布，选择具有潜力的行业进行投资。

从技术创新与产业升级角度来看，中证500指数中包含了许多具有创新能力和成长潜力的中小企业，随着我国科技的不断发展，新兴产业和技术创新成为推动经济增长的重要动力，这些企业可能受益于技术创新和产业升级，从而带来投资机会。最为典型的是 2025 年年初，DeepSeek 大模型极大地提升了我国在人工智能领域的水平，一时间风光无限。一方面，国内众多公司公告接入了 DeepSeek 大模型，这就有利于国内上市公司的技术升级，从而提升估值；另一方面，入股了 DeepSeek 大模型母公司的上市公司估值也得到了提升。

从机构资金动向来看，机构投资者的资金动向往往对市场具有重要影响。在财经资讯终端 Wind 可以通过市场情绪模块来观察机构投资者的持仓变化、调仓动向等，初步判断市场和机构投资者对整个股票市场的看法和预期，这有助于投资者把握市场趋势，制定合适的投资策略。

从市场情绪与投资者心理来看，拉斯·特维德的《金融心理学》告诉我们很多关于心理学对投资的影响，可以利用或者规避市场情绪。当市场情绪高涨时，投资者往往更加乐观，愿意承担更高的风险；而当市场情绪低迷时，投资者可能变得谨慎或悲观。因此投资者需要关注市场情绪的变化，及时调整投资策略。在 2024 年 9 月之前，股票市场投资者情绪较低。

从技术指标与信号来看，技术分析指标如普通均线、指数平滑异同移动线（MACD）、相对强弱指数（RSI）等可以为投资者提供买卖信号和趋势判断的依据，然而需要注意的是，技术指标并非绝对可靠，投资者在运用时需要结合其他因素进行综合判断。

从历史走势与规律来看，中证 500 指数在某一阶段的波动范围、支撑位和阻力位等具有一些特征，这些信息有助于投资者判断市场的走势和可能的转折点。

从止损与风险控制角度来看，在中证500指数及其他资产的投资过程中，设置合理的止损点是控制风险的重要手段。当市场走势与预期不符时，及时止损可以避免损失进一步扩大。此外，投资者还可以通过仓位管理、定期调整投资组合等方式来控制风险。

综上所述，对中证500指数的行情进行深入分析需要从多个角度出发，综合考虑各种因素，投资者在投资过程中应保持理性、关注市场变化、制定合理的投资策略并加强风险管理，以获取稳定的投资收益。

二、波动率分析

中证500指数的波动率在2024年9月行情启动之前呈现出一定的下降趋势，这表明市场对该指数的走势预期较为稳定，投资者信心有所增强。波动率的下降有利于市场的稳定发展，也有助于提升投资者的信心。然而，投资者仍需关注国内外经济环境的变化，以及政策调整等因素对指数波动率的影响，例如2024年9月行情快速启动后，波动率明显上行，但指数并没有进一步上涨，反而出现了调整。

从波动率的分析框架逻辑来看，在波动率来源方面，中证500指数的波动率不仅来自市场整体波动、行业特定事件或个别公司新闻，还会来自整体行情的波动；在波动率管理方面，投资者可以通过多种策略管理波动率，如分散投资、期权对冲等。日波动率有所增加，表明市场对中小市值股票的看法存在分歧，可以适当做交易，如图10-3所示。

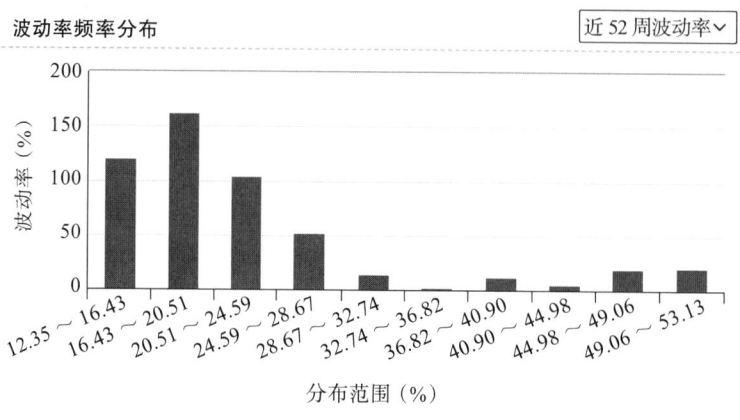

图 10-3　中证 500 指数波动率

三、成交量分析

中证 500 指数成交量的放大，表明市场对该指数的关注度逐渐提升，资金参与度也在增加。需要考虑的是，成交量放大虽然可能有助于推动指数的上涨，但也可能加大市场的波动性。投资者在参与市场时，应关注成交量的变化，结合市场趋势进行判断和操作，以下是对中证 500 指数成交量分析的一些详细考虑因素。

（1）成交量趋势分析。通过观察中证 500 指数成交量的长期趋势，可以了解市场对该指数的兴趣是否在增加或减少。成交量的持续增长可能表明市场对中小盘股票的兴趣增加，而成交量的减少可能表明投资者的兴趣在减退。

（2）成交量与价格关系。成交量通常会与价格变动相结合来分析。例如，如果中证 500 指数在价格上涨的同时伴随着成交量的增加，这通常被视为上涨趋势的确认，相反价格上升而成交量下降可能预示着上涨动力的减弱。

（3）流动性分析。中证500指数基金的流动性也是关键指标，尤其是在ETF中，流动性决定了投资者能否在市场上轻松买卖而不对价格产生重大影响。高流动性通常意味着投资者可以更容易地进出市场。

（4）成交量的季节性。某些时期，比如财报季或特定经济事件前后，成交量可能会有显著变化，这可以为投资者提供市场情绪的线索。例如，财报季可能会看到成交量的增加，因为投资者会根据公司的业绩报告调整其持仓。

（5）成交量与其他指数的比较。将中证500指数的成交量与沪深300指数等其他指数的成交量进行比较，可以提供市场偏好的相对视角。这种比较可以帮助投资者了解当前市场环境下不同板块的相对热度。

（6）技术图表分析。投资者和分析师经常使用技术图表来分析成交量模式，如成交量均线、成交量振荡器等，以预测未来价格走势。这些工具可以帮助投资者识别趋势的强度和持续性。

（7）市场新闻和事件。市场新闻、政策变动或宏观经济事件都可能影响成交量，例如重要的经济数据发布或政策变动可能会导致成交量的短期波动。

（8）资金流向。资金流向指标可以帮助分析市场中的资金是在流入还是在流出中证500指数所代表的股票，这也是成交量分析的一部分。资金流入可能表明投资者对中小盘股票的信心增强，而资金流出可能表明投资者在撤出这一板块。

（9）成交量与市场波动性。成交量的增加通常与市场波动性的增加相关联，在市场不确定性较高的情况下，如经济数据发布或重大政治事件期间，成交量可能会增加，反映出投资者在重新评估市场情况。

成交量是市场供需动态的一个重要指标。在中证 500 指数的分析中，成交量可以帮助投资者判断市场对该指数所含股票的总体兴趣和交易活跃度。高成交量可能表明市场交易活跃，而低成交量可能表明市场交易不活跃。

通过综合考虑上述因素，投资者可以更全面地了解中证 500 指数的成交量情况，并据此做出更为明智的投资决策。

四、行业分布分析

中证 500 指数的行业分布较为均衡，涵盖了多个领域，其中医药生物、电力设备、电子、非银金融和有色金属等行业权重较大。这些行业的发展状况和市场表现对中证 500 指数的走势具有重要影响。投资者在关注指数走势的同时，也应关注这些重点行业的动态和变化。行业多样性方面，中证 500 指数成分股涵盖多个行业，有助于分散特定行业的风险；行业权重变化方面，例如某些行业（如科技、医疗保健）在指数中的权重有所增加，这可能反映了市场对这些行业的增长预期，可能蕴含了投资机会；行业之间轮动方面，某些行业可能因市场趋势而表现突出，如新能源领域的投资机会。

第四节　中证 500 指数的投资策略

一、定期定额投资策略

定期定额投资策略的基本逻辑是一种长期、分散的投资策略，投资者设置固定的时间和金额进行投资，如在每月或每季度固定的时间点或者期间投入固定金额购买中证 500 指数基金。定期定额投资策略适用场景广泛，例如适合对投资了解不多，希望以简单、稳定的方式参与中证 500 指数的投资者。

定期定额投资策略的优点是简单易懂，投资者只需设定固定的时间和金额，无须关注市场短期波动，易于执行；通过时间维度来分散风险，通过长期、定期的投资，投资者可以在不同的市场阶段买入基金份额，实现成本分散，降低单一时点的投资风险；虽然是分散投资，但长期持有中证 500 指数基金仍可以享受复利带来的增长效应，随着时间的积累，投资收益会逐渐增加。

定期定额投资策略具有前述的众多优势，但也存在一些明显的缺点，例如由于投资策略固定，无法根据市场情况及时调整，可能错过一些投资机会或面临一定的风险。另外，虽然这种策略降低了对市场的关注，但也可能因为缺乏主动调整而错过市场的一些重大变化，在市场下跌时仍按固定金额投资，可能无法充分利用低价买入的机会。

二、定期不定额投资策略

定期不定额投资策略的原理是根据市场情况调整每次投资金额，当市场处于低位时，增加投资金额；当市场处于高位时，减少投资金额。适用场景方面，适合那些对股票市场有一定了解，希望根据市场变化灵活调整投资策略的投资者。

该策略的优点是灵活性高，能够根据市场情况灵活调整投资金额，如市场价格下跌时增加投资以降低平均成本，市场价格上涨时减少投资以避免过度追高。

该策略的缺点：一是需要市场分析，这种策略要求投资者对市场有一定的判断能力，以便在合适的时候增加或减少投资金额，否则可能导致错误的投资决策；二是操作复杂，相比定期定额投资策略，这种策略需要更多的时间和精力来关注市场并做出决策，需要更频繁地关注市场动态，以决定投资金额的调整。

三、智能定投策略

智能定投策略的基本原理是借助机器学习和大数据分析，根据市场情况和基金的表现自动调整投资的时间和金额。适用场景方面，适合对科技和投资有一定了解，希望借助智能工具优化投资决策的投资者，智能定投策略在支付宝基金购买中运用较为普遍。

该策略的优点：一是具有自动化与智能化，借助智能投资工具，可以自动根据市场情况和基金表现调整投资策略，减少人为干预和决策错误；二是优化投资决策，智能定投策略能够利用大数据和机器学习算法来优化投资决策，提高投资效率；三是适应性强，能够根据市场变化自动调整，更好地适应市场波动。

该策略的缺点：一是依赖技术，这种策略完全依赖于智能投资工具的性能和准确性，如果工具出现故障或误判，可能会导致投资损失；二是费用较高，使用智能投资工具可能需要支付额外的费用，增加投资成本。

四、指数成分股投资策略

指数成分股投资策略的原理是通过研究中证 500 指数的成分股，选择表现优异的个股进行投资，或者通过购买中证 500 指数 ETF 来实现对中证 500 指数的投资。该策略适用场景较为局限，适合对个股研究有浓厚兴趣，具备较强选股能力的投资者。

该策略的优点是直接购买中证 500 指数的成分股，投资者可以更直接地参与市场，享受个股成长带来的收益。同时，该策略灵活性强、选择权大，投资者可以根据自身的研究和判断，选择表现优异的个股进行投资，提高投资效率，更具有个性化。

该策略的缺点主要体现在选股、研究方面，例如具有选股风险，个股投资存在较高的风险，如果选股不当，可能会导致投资损失。同时，该策略研究成本高，为了选出表现优异的个股，投资者需要投入大量的时间和精力进行研究和分析，失去了本章第一节阐述的宽基指数投资优势。

五、网格交易策略

网格交易策略的基本理念是将投资资金分配到多个网格中，每个网格对应不同的股票和价格区间，当资产价格达到网格的买卖点时，自动进行买卖操作。

网格交易策略具有一定的优点，例如在应对市场波动上，网格交易策略能够在市场波动中捕捉买卖机会，降低单一时点的投资风险。同时，网格交易策略能够稳定投资组合收益，通过设定多个网格，投资者可以在不同价格区间内进行买卖操作，实现稳定的收益。但是，网格交易也有一定局限，例如市场分析方面，网格交易策略需要投资者对市场有一定的判断能力，以便合理设定网格的买卖点。资金利用效率方面，在某些情况下，网格交易策略可能会导致资金的利用效率不高，尤其是在市场趋势明显的情况下。另外，合理设置网格的买卖点需要有一定的市场判断和经验，同时网格交易适合对市场有一定了解、希望利用网格交易策略捕捉市场波动的投资者。

需要注意的是，每种投资策略都有其适用的场景和限制条件，投资者在选择时应根据自身的投资目标、风险承受能力、市场情况等因素进行综合考虑。无论选择哪种策略，都需要保持理性投资，不盲目跟风，定期评估和调整投资策略，类似的分析框架可以用于红利 ETF 等指数基金的分析中。

第十一章
期权投资策略——以雪球产品为例

期权投资策略有很多种，教科书就可以直接参考约翰·赫尔的教材。我们在投资过程中，除了简单的场外期权如股指期权、商品指数期权外，日常最常见的期权产品就是雪球产品（snowball product）或者说雪球策略了。雪球产品的本质是一种结构化金融产品，它的名称来源于其运作方式类似于滚雪球的过程——随着时间的推移，产品的价值有可能像雪球一样越滚越大。

第一节　雪球产品有什么特点

雪球产品是一种由金融机构（我国是证券公司）发行的结构化投资产品，通常与特定的标的资产（如股票指数、单个股票等，近年来开始有挂钩利率债个券[一]及指数的利率雪球产品）挂钩，并包含了一系列复杂的条款和条件。产品的核心特点是提供了潜在的高收益机会，同时伴随着相应的风险，简单来看风险与收益方面，类似于滚雪球过程中遇到的不同地形和障碍，雪球产品也存在不确定性和风险，这些风险会影响最终的收益。

1. 自动敲出机制

如果标的资产的价格在某个观察期内达到了预设的敲出水平（通常高于初始价格[二]），则产品自动提前结束，投资者获取敲出收益，该收益率通常高于市场上的无风险利率。

2. 下限保护（敲入）机制

如果标的资产的价格在某个观察期内低于预设的下限水平，则投资者可能面临本金损失，这种机制为投资者提供了一定程度的保护，有助于减少潜在的损失。

3. 浮动票息

在雪球产品存续期间，只要标的指数没有触发敲出条件，投资者通常会获得与标的资产表现挂钩的浮动收益，这种收益可以被视为雪球在滚动过程中不断增加的体积。

[一] 例如挂钩某只活跃的 30 年期国债。
[二] 例如初始价格 100 元，设定敲出价格 120 元，敲入价格 80 元。

第二节　雪球策略如何运作

1. 产品设计

在雪球产品及策略的目标方面，雪球产品通常由金融机构设计，其目标是为投资者提供潜在的高收益机会，同时伴随着相应的风险。在产品或策略的结构方面，产品通常包含一个或多个敲出观察日，在这些观察日，如果标的资产的价格达到或超过预设的敲出水平，则产品提前结束。在产品的期限方面，雪球产品的期限可以长达几年，具体取决于产品设计。

2. 敲出条款

在雪球产品的触发条件方面，在敲出观察日，如果标的资产的价格达到或超过预设的敲出水平，则产品提前结束。在策略收益方面，投资者获得约定的收益，通常是一个固定的收益率加上可能的额外收益。简单举例来看，如果标的资产的价格在观察期内达到120元，则产品提前结束，投资者获得相应的固定收益和额外的敲出收益。

3. 下限保护

在触发条件方面，如果标的资产的价格在观察期内低于预设的下限水平，则投资者可能会遭受本金损失。在保护机制方面，下限保护机制可以提供一定程度的安全垫，减少潜在的损失。简单举例来看，如果标的资产的价格在观察期内低于80元，则投资者可能面临损失。

4. 收益分配

雪球产品的期间收益是指在没有前述的触发敲出条件情况下，投资者在整个产品存续期间会定期收到浮动收益,收益计算通常与标的资产的表现挂钩,可能随市场波动而变化。简单举例来看,如果标的资产的价格在某个季度内上涨了 5%,则投资者可能会获得相应的浮动收益。

第三节　雪球策略案例分析

本节构建了一个雪球产品的案例,其中数据和参数都是虚构的,主要为便于说明收益的测算并详细说明这款雪球产品的运作机制,包括敲出机制和敲入机制等。

1. 案例背景

假设有一款雪球产品挂钩于沪深 300 指数,产品的主要参数如下:初始价格为 3000 点;敲出水平为 3600 点;敲入水平为 2400 点;产品期限为 3 年;观察频率为每季度观察一次;敲出收益为 12%;未敲出收益为每季度 2%;敲入后的损失计算,即投资者面临损失的计算方法为(初始价格 – 最低价)/ 初始价格 ×100%。

2. 产品策略细节

(1)敲出条件:如果在任何一个观察日沪深 300 指数达到或超过 3600 点,则产品提前结束。投资者将获得 12% 的固定收益加上额外的收益(如果有)。

(2)敲入条件:如果在任何一个观察日沪深 300 指数低于 2400 点,则触发敲入机制,投资者可能面临本金损失。

（3）浮动收益：如果沪深 300 指数没有达到敲出水平也没有低于敲入水平，则投资者在每个观察日可以获得 2% 的浮动收益。这些收益会在产品到期时累计发放给投资者。

3. 案例分析

假设产品运行过程中沪深 300 指数的表现如下：第 1 个观察日（第 3 个月月末）指数上涨至 3400 点；第 2 个观察日（第 6 个月月末）指数继续上涨至 3500 点；第 3 个观察日（第 9 个月月末）由于市场调整，指数下跌至 3300 点；第 4 个观察日（第 12 个月月末）指数继续下跌至 3200 点；第 5 个观察日（第 15 个月月末）指数反弹至 3400 点；第 6 个观察日（第 18 个月月末）指数下跌至 3100 点；第 7 个观察日（第 21 个月月末）指数下跌至 2300 点；第 8 个观察日（第 24 个月月末）指数上涨至 3000 点。

（1）敲出条件未触发：在产品运行期间，沪深 300 指数始终未达到或超过敲出水平 3600 点，因此产品未提前结束。

（2）敲入条件触发：在第 7 个观察日（第 21 个月月末），指数下跌至 2300 点，低于敲入水平 2400 点，因此，触发敲入机制。

投资者面临损失的计算方法为：（3000−2300）/3000 × 100% = 23.33%。

（3）未敲出收益：从第 1 个观察日到第 6 个观察日，产品运行了 18 个月，在这段时间内由于没有触发敲出条件，投资者获得了 2% 的浮动收益，因此投资者在这 18 个月内共获得了 12%（=2%×6）的收益。

总结来看，在敲出收益方面，由于敲出条件未被触发，投资者没有获得敲出收益。在未敲出收益方面，投资者在 21 个月内获得了

12%的收益。在敲入损失方面,由于在第 7 个观察日指数低于敲入水平,投资者面临 23.33% 的本金损失。在总收益方面,未敲出收益为 12%,扣除敲入损失 23.33% 后,投资者的总收益为 -11.33%($=12\%-23.33\%$)。这意味着如果投资者最初投资了 100 万元,那么在第 24 个月月末投资者将面临 11.33% 的本金损失,即剩余 88.67 万元。

通过这个案例,我们可以看到雪球产品的运作机制是如何通过敲出和敲入机制来为投资者提供潜在高收益机会的,同时也伴随着相应的风险。投资者需要仔细评估这些机制及其对投资结果的影响,以做出明智的投资决策。

第三部分

多资产多策略投资组合管理技巧

第十二章
多资产多策略投资实战中的择时问题

> 投资者面对市场波动有两种可能的获利方法：择时和估价。择时是指努力去预知股市的行为——认为未来走势会上升，购买或者持有股票；反之，则出售或停止购买股票。
>
> ——《聪明的投资者》(格雷厄姆)

市场择时（market timing）是指投资者尝试预测市场的短期走势，并据此调整投资组合中的资产配置，以期获得更高的收益或减少损失的行为。在多资产多策略投资框架下，市场择时变得更加复杂，因为它不仅要考虑单一资产类别的买卖时机，还要考虑不同资产类别之间的转换以及不同投资策略的运用时机。

第一节 市场择时涉及什么

市场择时的基本思想是在市场或者资产被认为低估时买入，在市场或资产被认为高估时卖出，这样做是为了最大化收益并减少损失。然而，市场择时经常难以成功实施，本质在于准确预测市场的短期波动几乎是不可能的。在多资产多策略投资中，市场择时通常涉及以下几个方面。

（1）资产配置。资产的配置无须有太多的约束，在战略上确定好投资比例后，投资组合的构建根据战略设置进行则可。根据对不同资产类别（如股票、债券、商品、房地产等）未来表现的预期来调整投资组合中各类资产的比例，这种调整可能是基于宏观经济预测、市场情绪分析或是特定资产类别内的事件驱动因素。

（2）策略选择。投资者需要在不同投资策略之间进行切换，以期获得更好的风险调整后收益。例如，部分投资者在市场波动较大时转向更保守的策略，在市场稳定时则采取更具有进攻性的策略，而有的投资者则相反，在市场波动大时采取进攻策略，在市场波动小时采取保守策略。

（3）动态调整。投资者根据宏观经济指标、政策变化、市场情绪等因素的变化，动态调整投资组合。这种调整可能包括改变资产配置比例、更换投资策略或使用不同的金融工具。

（4）风险控制。投资者通过设置止损点、使用衍生工具等方式来控制择时可能出现的潜在损失或者错过潜在的收益，这些措施有助于保护投资组合免受市场大幅下跌的影响。

第二节　市场择时有什么局限性

尽管市场择时在理论上听起来很吸引人，但在投资实战中面临着许多局限性，下面我们将详细探讨市场择时的主要局限性。

（1）择时的预测具有难度。市场择时的核心是预测市场的短期波动，以便投资者能在市场被认为低估时买入，在市场被认为高估时卖出。然而市场具有极大的不确定性，市场是由无数个投资者的集体行为组成的，这些行为受到各种因素的影响，包括但不限于宏观经济数据、政策变化、公司业绩、地缘政治事件等。这些因素通常是不可预测的，这就增加了准确预测市场的难度：一是市场走势具有随机性，即使某些趋势可以被识别，市场的短期走势仍然具有很大的随机性，这使得预测变得极其困难；二是市场上不同投资者掌握的信息不对称，专业投资者通常拥有更多的资源和信息来分析市场，而普通投资者很难获得同样的信息优势。

（2）交易成本问题。投资中的择时面临交易成本，市场择时通常涉及频繁的买入和卖出操作。交易成本包括以下三个维度：第一个成本是手续费，投资者每次交易都会产生手续费和其他费用，频繁交易会累积较高的成本，从而侵蚀投资回报；第二个成本是交易的税收负担，在许多国家和地区，频繁交易会增加资本利得税的负担，特别是在没有税收优惠的账户中；第三个成本是交易的机会成本，频繁交易还可能导致错过长期投资带来的复利效应。

（3）机会成本。如前所述，市场择时意味着投资者需要在市场中买入卖出，而不是持续持有投资标的。一方面错误的卖出可能错过上涨从而产生机会成本，或者理解为踏空，例如投资者因为试图避免市场下跌而退出市场,可能会错过市场上涨的机会,尤其是在市场迅速反弹的情况下。另一方面卖出也可能错过市场的波动性机会,市场的波动性意味着市场即使是在下跌之后,也可能迅速恢复,从而使得试图择时的投资者失去利润。综合两方面来看,长期持续持有并定期再平衡的投资策略通常比试图择时更能获得稳定的收益。

(4)心理及情绪因素。市场择时需要投资者能够冷静分析市场情况并做出决策。但投资者会面临金融心理上刻画的一些典型问题:一是情绪波动,投资者往往会受到市场情绪的影响,如恐惧和贪婪,这些情绪可能导致非理性决策;二是认知偏差,人类普遍存在的认知偏差,如确认偏误、损失厌恶等,也会干扰投资者的判断;三是决策疲劳,频繁的决策需求会导致决策疲劳,进而影响决策质量。

(5)实证证据。理论上看如果市场择时有效,那么能够成功择时的投资者应该能够获得显著优于市场平均水平的收益。但大量的实证研究表明,绝大多数投资者无法持续成功地进行市场择时,例如一项对共同基金的研究发现,尽管许多投资者试图择时,但他们并没有因此获得额外的收益,即使是专业投资者也很难通过市场择时获得超额收益。例如,海外的对冲基金整体表现经常显示,市场择时策略往往无法持续跑赢市场。

第三节 如何稳定地进行市场择时

市场择时在理论上听起来很有吸引力,在实践中面临着许多难以克服的局限性,但在投资实战中又不可能回避择时,所以在投资中我们仍然要鼓励择时,只是需要在择时的过程中采取更稳健的投资策略,如长期持有、定期再平衡以及分散化投资组合，这些策略虽然可能不会产生最高的短期收益，但能够在长期内提供更稳定和可预测的收益。

1. 坚守投资纪律

遵循既定的投资计划，制定一个明确的投资策略并坚持执行。这意味着不要仅仅因为市场出现短期波动就偏离原有的投资计划。建立一套清晰的投资准则，例如在市场下跌一定百分比时买入，在市场上涨一定百分比时卖出，这可以帮助你避免情绪化的决策。

避免情绪化决策，不要让市场情绪影响我们的决策。恐惧和贪婪往往是投资者最大的敌人，在市场出现大幅波动时，投资者很容易受到情绪的影响而做出冲动的决定。为了对抗情绪化决策，可以事先设定好买入和卖出的条件，避免在市场情绪高涨或低落时做出反应。

设立止损点和止盈点并遵守，例如当达到某个亏损点或盈利点时自动卖出或买入，可以帮助减少情绪影响。我们可以设定当投资组合亏损达到5%时自动卖出部分资产，以限制损失；或者当资产增值到一定程度时自动卖出一部分，锁定部分利润。

2. 多样化配置资产

将资产分散投资于不同的资产类别，多样化的资产配置可以帮助减少特定资产类别（如股票、债券、现金、商品等）或市场波动对整个投资组合的影响，以降低整体风险。

考虑投资资产属地的多样化，因为不同地区的经济周期可能存在差异。例如，当美国市场处于低迷状态时，亚洲或其他新兴市场可能正在经历增长期。

不要把所有的资金都集中在同一行业或少数几个行业中，以减少特定行业风险。例如，你的投资组合主要集中在科技股上，那么当科技行业遇到不利因素时，你的投资组合将面临较大的风险。

3. 采取风险管理措施

通过止损订单设置合理的止损点，一旦价格跌至预定水平，自动卖出资产以限制损失。例如，你可以设定当某项投资的市值下降 10% 时自动卖出，以防止更大的损失，这点在有关仓位管理的内容中也会详细阐述。

使用衍生品，如期权和期货等金融工具可以帮助对冲潜在的市场风险。例如，购买看跌期权可以作为保险，以防资产价值下跌。

随着个人财务状况和生活阶段的变化，定期重新评估你的风险偏好及风险承受能力。随着年龄的增长，你可能需要在投资组合中逐渐减少高风险资产的比重，转而增加固定收益类资产的比例。

4. 定期评估投资组合

定期审视投资组合，至少每年一次，或者当市场发生重大变化时，重新审视和调整投资组合，这有助于确保我们的投资组合仍然符合初始的投资目标和风险承受能力。

对投资组合的资产进行重新平衡，当某些资产类别的表现超出预期时，可能需要重新平衡投资组合以维持原定的风险水平。例如，股票比重超过原定目标，可能需要卖出一些股票并买入债券以恢复原有的资产配置比例，这部分在有关资产配置平衡的内容中也进行了详细阐述。

检查投资目标，确保投资组合仍然符合你的长期投资目标和风险承受能力。随着时间的推移，我们的投资目标可能会发生变化，定期回顾并调整投资组合以匹配这些变化是很重要的。

5. 考虑长期视角

在投资中怀有长期视角思维方式至少有两重好处：一是有发掘优秀投资者的维度，我们怀有长期视角通常能给予基金经理更多的自由度，更容易发现能够穿越牛熊的优秀基金经理；二是对资产怀有长期视角，长期持有优质资产通常比频繁交易更能带来稳定的收益，例如可以降低交易成本、享受再投资的复利效果。长期投资可以帮助我们克服市场短期波动的影响，耐心等待市场周期的变化，而不是让我们试图抓住每一个小波动，试图频繁调整投资组合以捕捉每一个短期波动。例如，利用复利效应，通过持续投资和再投资收益来增长财富，长期持有并定期再投资的收益可以显著增加我们账户组合的净值。

第十三章

胜率赔率的矩阵分析框架及案例

> 我宁愿以合理的价格购买优秀的公司,也不愿意以便宜的价格购买平庸的公司。
>
> ——沃伦·巴菲特

我们在《固定收益投资备忘录:来自买方的视角》中详细讨论过概率思维,本书将在概率思维的基础上进一步拓展概率在投资中的运用,详细分析胜率和赔率的矩阵分析框架,后续的投资实战中我们还会持续关注和消化贝叶斯思维方式在投资中的运用。本章将构建胜率和赔率两个概念的矩阵分析框架,以便更好地理解不同投资策略的特点以及如何根据这些特点做出决策,最终为多资产多策略投资服务。

第一节　胜率赔率的矩阵分析框架

"我宁愿以合理的价格购买优秀的公司，也不愿意以便宜的价格购买平庸的公司"，这句话本质上揭示的是购买胜率高，避免赔率低的公司。关于胜率和赔率的关系，《比尔·米勒投资之道》译者序中有过类似的论述：巴菲特投资的大多是吉列、可口可乐、华盛顿邮报等传统行业的公司，其投资收益的特点是"高胜率＋低赔率"；而米勒投资的大多是微软、亚马逊、戴尔等代表新经济的科技公司，其投资收益的特点是"低胜率＋高赔率"。本书将构建胜率赔率的矩阵分析框架，以此来进行分析。

一、定义胜率和赔率

胜率指投资成功的概率，即投资盈利的概率。例如，如果一项投资在过去10次中有7次盈利，则其胜率为70%，胜率越高就意味着投资的次数越多，获取的收益越多。

赔率指投资成功时的收益与投资失败时的损失之比。例如，如果一项投资成功时的平均收益率为10%，失败时的平均损失率为5%，则其赔率为2∶1（每亏损1单位，可以赚取2单位），赔率越高，收益越大。

在日常交易或投资中，经常听到的例如现在市场赔率不够或者胜率太低等就是如此。本节从概率思维出发构建胜率、赔率的分析模型，详细分析各种胜率、赔率下的市场投资策略和资产选择。

二、构建胜率赔率的矩阵分析框架

构建一个二维矩阵，其中横轴代表胜率，纵轴代表赔率，根据胜率赔率的高低将矩阵分为四个象限，每个象限代表一种策略的特性。

第一象限：高胜率+高赔率。这一象限是投资者最期待的场景，高胜率意味着投资成功的概率很高，高赔率意味着投资带来的收益也非常高。在适用场景方面，这类策略通常是最理想的选择，但很难找到这样的投资机会，一般会出现在大周期上行趋势或者业绩长期快速增长的公司中，例如长期持有业绩优异的公司股票，特别是那些具有持续竞争优势和稳定增长潜力的公司。例如在利率下行周期下，持有长久期债券是"高胜率+高赔率"的策略。该象限的特征很明显，"高胜率+高赔率"的收益高，但很难寻找，一旦发现这种机会，会转化为"高胜率+低赔率"。

第二象限：低胜率+高赔率。这一象限的特点是低胜率意味着投资成功的概率较低，一旦成功则收益会很高。在适用场景方面，这类策略适用于愿意承担较高风险以获取较高收益的投资者。例如风险投资一般投资于早期创业公司，这类投资的成功概率较低但潜在收益非常高。标准化的该类产品还有高风险的衍生品，如期权、期货等。

第三象限：低胜率+低赔率。该象限的特点是低胜率意味着投资成功的概率较低，而且即使成功，收益也不高。在适用场景方面，这类策略通常不是很好的选择，除非作为多样化投资组合的一部分，例如频繁交易低波动性的股票，或者在不熟悉的市场中进行投机。还有一类交易是利率的高频交易，例如近年来由于利率下行，众多中小银行及证券公司开始参与利率债的高频交易，而且主要是人工高频，虽然不排除有天才型的交易者，但不可否认这类交易就是"低胜率+低赔率"的交易典型。该象限的优点是可以作为多样化投资组合的一部分，以分散风险。缺点也很明显，成功的概率和收益都不高，长期来看可能会拖累整体投资组合的表现。

第四象限：高胜率+低赔率。从该象限的特点来看，高胜率意味着投资成功的概率很高，但成功的投资带来的收益相对较低。在适用场景方面，适用于追求稳定收益且风险偏好较低的投资者，例如定期存款、货币市场基金、债券等低风险投资。这个象限的优点是提供了较为稳定的收益，风险较低。缺点是收益相对较低，可能无法跟上通货膨胀的步伐。

三、胜率赔率矩阵分析框架下的决策依据

经过简单分析前面的矩阵分析框架，我们可以有个初步的认知，即无论哪个象限都会涉及不同的场景，面临不同的选择。

（1）风险偏好。投资者根据自身风险承受能力和投资目标来选择合适的策略。

（2）投资期限。长期投资者可能更倾向于选择"高胜率+高赔率"的投资，而短期投资者可能更倾向于"高胜率+低赔率"的投资。

（3）市场环境。在不同的市场环境下，某些策略可能更有效。例如在熊市中"高胜率+低赔率"的投资可能更受欢迎，而在牛市中"低胜率+高赔率"的投资可能更受青睐。

（4）投资者的个人情况。投资者的年龄、收入水平、财务目标等因素也会影响策略的选择。

第二节　胜率赔率矩阵分析框架的案例分析

假设一位投资者正在考虑构建一个多资产多策略的投资组合，根据前述的胜率赔率矩阵分析框架，有四种不同的策略选择并匹配不同的资产。

策略 A：高胜率 + 高赔率。胜率为 80%，赔率为 3∶1，适用人群和组合：长期投资，风险承受能力较高。

策略 B：低胜率 + 高赔率。胜率为 30%，赔率为 5∶1，适用人群和组合：承担较高风险以换取较高收益。

策略 C：低胜率 + 低赔率。胜率为 30%，赔率为 1∶1，适用人群和组合：作为多样化投资组合的一部分，以分散风险。

策略 D：高胜率 + 低赔率。胜率为 80%，赔率为 1.2∶1，适用人群和组合：追求稳定收益且风险偏好较低。

决策过程包括以下五个方面。

（1）评估风险偏好：投资者需要评估自己的风险承受能力。如果投资者能够承担较高的风险以换取较高的收益，则可能倾向于策略 B。如果投资者希望保持高稳定性且低风险，则可能更倾向于策略 D。

（2）考虑投资期限：对于长期投资，策略 A 可能是更好的选择，因为它提供了较高的胜率和收益。对于短期投资，策略 D 可能更合适，逻辑是该策略提供稳定收益。

（3）市场分析：投资者需要根据当前的市场环境来评估哪种策略最有利。例如，在市场不确定性较高的时期，尤其是股票行情预期不稳定的时期，策略 D 可能更受欢迎，投资稳定收益的定期存款或者灵活申赎的货币基金能够获得稳定的收益。2023 年至今债券收益率的趋势性下行，是典型的"高胜率＋高赔率"的市场，尤其是对长期国债来说。

（4）个性化情况考量：考虑个人的财务状况、年龄、职业等因素，以确定最适合自己的策略。同样，根据不同的投资组合进行个性化的选择，例如组合的收益目标、期限、投资范围、资产种类、风险管理等维度。

（5）组合构建：根据上述因素构建一个多样化的投资组合，包括多种策略和资产品类，以平衡风险和收益。

结论，通过构建胜率和赔率的矩阵分析框架，投资者可以更系统地评估不同投资策略的特点，并根据自己的投资目标和风险偏好做出更明智的决策。重要的是要记住，没有任何一种策略是绝对正确的，每种策略都有其适用的场景。通过综合考虑多个因素，投资者可以更好地构建符合自己需求的投资组合。

第三节　如何避免胜率赔率的投资陷阱

我们在"高胜率＋高赔率"的市场中，一方面往往容易因为看不清趋势而损失筹码，例如 2024 年 9 月 18 日之后的 A 股，尤其是 9 月 24 日多部委召开新闻发布会后，短短 5 个交易日出现了近 16 年以来的大反弹。另一方面容易在"高胜率＋高赔率"的市场中做"高胜率＋低赔率"的交易，导致我们持仓的加权仓位下降，组合收益率下降。最典型的案例是在牛市中，经常会存在市场高开的现象，若仓位不够连续，即使交易很频繁（高胜率），但仍然不如拿住筹码保持仓位更能获取完整的收益，这点在 2024 年的债券市场得到了很好的体现。根据在投资过程中的经验，我们认为，要避开这些投资陷阱需要保持一些好的投资习惯。

1. 保持长期视角

长期投资能够让我们专注于长期投资策略，而不是追求短期高胜率的投资。长期持有通常能更好地抵御市场波动。同时利用复利效应，通过持续投资和再投资收益来增加财富。

2. 多样化投资

多样化投资是指贯彻多资产多策略投资的理念，分散投资于不同的资产类别，如股票、债券、现金、商品等，以降低整体风险。同时，组合资产实现地域多样化：考虑投资于不同地区的市场，不同地区的经济周期可能存在差异，例如成熟的发达国家市场与新兴市场、美洲市场与非洲市场等经济发展阶段和投资回报迥异。另外，组合资产还可实现行业多样化，不要把所有资金都集中在同一行业或少数几个行业中，以减少特定行业风险。

3. 克服心理障碍或者情绪干扰

稳定的情绪永远是投资最重要的品质之一。例如，学会管理情绪，避免因短期市场波动而做出冲动的投资决策，培养耐心避免追逐短期高胜率的投资选项。这方面可以多参考《金融心理学》《投资行为学手册》等。

另外，投资者需要的是独立思考，不盲目跟从市场热点或他人的建议，尤其是分析。因为我们一方面很难完全根据他人的观点进行下注，另一方面很难长期跟踪某人的观点，也就是很难确定某人的胜率，这点在看卖方分析师报告时尤其如此。市场观点会被众多卖方分析师解读，回头看某些分析师在一定的阶段是对了，但在这些分析师分析的当时，我们是否会根据他们的分析下注才是最重要的，所以根据自己的投资目标和风险承受能力做出决定显得尤为重要。

第十四章

多资产多策略投资中的仓位管理

> 交易者应该牢记在任何时候期货市场上都没有保证的事情。因此,绝不要把自己的资金过度地使用在看起来"一定赢"的交易上。
>
> ——《期货交易者资金管理策略》
>
> (瑙泽·J.鲍尔绍拉)

本章详细地探讨了如何通过仓位管理来防止错过市场行情或者死扛错误的市场行情,具体来说,可以从以下内容进行深入讨论。

第一节 分批建仓与流动性

在《一个交易者的资金管理系统:如何确保利润并避免破产风险》中介绍了关于确定仓位大小的三种方法。第一种是固定比例法,根据总资金确定一个固定比例用于每笔交易的仓位,如设定每次交易的仓位为总资金的 2% 或 5%，这种方法简单易行，能有效控制风险，避免单笔交易对整体资金造成过大影响。第二种是凯利公式法，凯利公式法是一种根据胜率和赔率来计算最优仓位的方法，即 $f^*=(bp-q)/b$，其中 f^* 是最优仓位比例，b 是赔率，p 是胜率，q 是败率。该方法对胜率和赔率的预估要求较高，如果预估不准确，可能导致仓位计算错误。第三种是ATR指标法，ATR即平均真实波幅，通过计算一段时间内市场价格的波动幅度，来确定每笔交易的仓位大小，使得仓位与市场波动相适应，在市场波动大时适当降低仓位，波动小时适当增加仓位。本书在前人众多讨论的基础上，从为什么要讨论仓位管理入手。

一、为什么要讨论仓位管理

在 2023 ～ 2024 年的债券和衍生品市场中，最大的错误或者教训是仓位管理能力不足，没有满仓或者中途因为波动损失仓位是在牛市中最重要的踏空。同样，由于最低仓位比例的规定，在 2006 ～ 2007 年及 2014 ～ 2015 年的股票大牛市中，指数基金能跑赢大部分主动管理的基金，最重要的原因是指数基金需要保证仓位并不会频繁调整结构，仓位的保证帮助基金经理克服了上涨过程中卖出盈利资产的冲动，也就是金融心理学里的处置效应。同样是因为仓位，在大牛市来临的过程中，因为公募基金对单只股票 10% 仓位的限制，若出现 5 倍、10 倍的涨幅，公募基金管理者即使看好该标的也很难享受到大仓位完整的涨幅。而私募基金可能在仓位限制上面临的约束相对较少，例如私募基金净值 25% 的单只股票限制，并且在标的股票上涨的过程中，单只股票的比例限制还是根据初始的比例来确定。

二、如何建仓是艺术也是科学

我们在投资过程中，尤其是确定牛市来临的时候，可以选择满仓进入，防止慢慢建仓经历涨幅最后满仓下跌的风险。但我们很难遇到持续且涨幅又大的牛市，如何把握建仓的技术才是我们需要经过科学理性分析的。本书所说的分批建仓是一种左侧建仓策略，本质是在建仓的时候进行了择时，目标是减少进入市场时机的风险，具体分为三步走。

一是设定投资计划，事先确定每次投入资金的比例，例如首次投入总资金的 30%，之后根据市场反应逐步增加。二是观察市场信号及反应，每一批次投资后观察市场走势，如果市场继续走好，则按计划追加投资，若市场回调，则暂停追加直至市场再次表现出积极信号。三是设置安全边际，确保每一步都有足够的安全边际，即在价格下跌时仍有足够的空间进行补仓。

分批建仓的时候，保持一定比例的流动资金非常重要，流动性给了投资者在市场机会出现时迅速采取行动的能力。本书的流动性是指一般意义的流动性，一方面是现金，另一方面是高流动性低风险的资产。持有现金或现金等价物，这部分资金应该足够用于应对突发的市场机遇或短期资金需求。作为现金替代方案，国债及货币市场基金能够提供较高的流动性且风险较低。

第二节　如何动态调整仓位

动态调整仓位是指投资者建仓后，根据市场环境和个人投资目标的变化，适时调整投资组合中各类资产的比例，旨在优化投资组合的风险与收益比,同时尽可能地捕捉市场机会。以下内容是动态调整仓位的一些具体实施细节。

一、确定调整标准

笔者认为可以自上而下从三个维度确定调整标准。宏观经济指标方面,关注宏观经济数据(如 GDP 增长率、失业率等)、行业发展趋势及公司财报,以此作为调整仓位的依据之一。中观的市场信号方面,依据技术分析、基本面分析或量化模型生成的市场信号来决定何时调整仓位,例如趋势跟踪、反转信号、突破信号等都可以作为调整的触发因素。微观的个人目标与风险承受能力方面,投资者明确投资目标(如资本增值、收入获取等)和风险偏好,并据此制定仓位调整策略。

二、设定仓位管理规则

仓位管理规则最重要的是仓位调整的信号、仓位管理的评估及资金分配。

对于不同相关性的市场信号,设定相应的仓位管理规则,与仓位正相关的信号提升意味着要增加仓位,而负相关的信号提升则要减少仓位。在调整仓位前,评估每个交易信号所携带的风险,包括潜在损失、市场波动性及流动性等因素。仓位调整过程中的资金分配需要根据风险评估结果和投资目标,决定资金在不同资产间的分配比例。

三、动态调整仓位

动态调整分为三个层面，即即时调整、中期执行、持续监控。当市场信号出现时，根据预设规则即时调整仓位，例如在收到买入信号时增加资产持仓，在收到卖出信号时减少资产持仓。中期的分步执行是指，为了避免一次性调整带来过大冲击，可以分步执行仓位调整计划。通过长期的持续监控，定期回顾市场状况和个人投资组合的表现，必要时重新评估并调整现有策略。

四、应对市场极端情况

市场的极端情况主要分为两个层面。一是极端事件带来的价格极端变动，例如次贷危机导致的全球资产价格变动、英国脱欧导致的外汇市场波动、新冠疫情导致的石油价格波动、俄乌冲突导致的黄金价格上行。二是市场极端情绪导致的价格极端变动，例如美国新冠疫情后的连续加息导致利率上行，债券收益率的快速上行导致硅谷银行面临挤兑风险。

资产价格出现低开或下杀时，如果持仓出现亏损，可以采取保守策略，如减少新买入仓位的比例，寻找更佳买入点等。资产价格出现高开或涨停时，对于大幅上涨的情况，则可以根据个人策略选择是否获利了结部分仓位，还是等待更高价位再做决定。

2024年的国债期货行情中，经常出现高开的情况，虽然算不上极端，但组合中的空头仍然会受到非常大的影响。

五、融合多种策略

在多资产多策略的思想指导下,我们建议多维度的配置,例如根据行业、风格、市场等多维度分散配置资产,按新能源、医药等不同行业配置,或者按照大盘、中小盘等风格配置。在这种综合考量下,最终形成一个综合的投资组合,确保组合中的各部分能够相互补充,即使某部分表现不佳,整体也能保持稳健。通过上述步骤,投资者可以在不断变化的市场环境中,动态调整仓位来优化自己的投资组合,从而更好地应对市场波动,捕捉有利的投资机会。

第三节 如何设置止盈点和止损点

明确的止盈、止损规则对于保护收益和控制损失至关重要。止盈点是指设置合理的盈利目标,达到后立即获利了结,避免贪婪导致的利润回吐。止损点是指设立止损线,当市场价格跌破这一水平时,自动平仓以避免进一步损失。止盈是艺术,止损则是原则。本书重点探讨止损原则中的跟踪止损(trailing stop)方法。

一、什么是跟踪止损

本书认为的止损有三层含义。第一层是真正的止损,也就是被迫清盘的程度,即清空组合中某个类型的资产或者整个组合,这个层面是一般的投资者。第二层是浅尝不到利润止损,损失一部分资产但没有伤筋动骨,这个层面是聪明的投资者。第三层是保障盈利,随着资产价格的上涨上调了止损点(跟踪止损),这个层面是智慧的投资者。

跟踪止损是一种订单止损类型，投资者初始设定一个相对于当前市场价格的固定金额或百分比作为止损点，与普通止损不一样的是，当资产价格上涨时，止损点也会随之上调，但一旦资产价格下跌，并不相应调低原止损线，而是一旦触及原止损点则严格执行卖出订单。

二、确定跟踪距离并执行

本书认为止损跟踪距离简单分为两种，一种是固定金额的距离，另一种是初始价格固定百分比的距离。固定金额是指选择一个固定的金额作为跟踪距离，例如当买入资产价格为 100 元时，可以设置跟踪止损距离为 5 元，这意味着只要资产价格高于 105 元，止损点就会上调到当前价格减去 5 元的位置。而固定百分比是指选择一个固定的百分比作为跟踪距离，例如设定跟踪止损为 5%，如果买入价为 100 元，那么初始止损点设为 95（=100×95%）元，如果资产涨到 120 元，止损点会相应调整到 114（=120×95%）元。

如前所述，当资产价格上涨时，跟踪止损点会相应上调，这样可以锁定部分利润，在后续跟踪价格的过程中需要跟随止损订单的价格进行调整。

一旦确定止损规则，就必须严格执行。一旦资产下跌并触及跟踪止损点，订单将自动执行，卖出资产以限制潜在的损失。继续上面的例子，如果资产从 110 元下跌 5% 到 104.5 元，此时跟踪止损订单会被触发，资产将以市场价卖出，在止损的同时锁定了盈利。

三、投资组合定期审查和调整

投资组合需要定期审查和调整，确保其符合投资者的目标或者投资组合的目标，以符合市场状况。

至少每季度一次检查投资组合表现，与基准指数比较，了解是否偏离原定策略。当某一类资产比重过高或过低时，通过买入或卖出相应资产来重新平衡组合，再平衡的操作请详见第十五章。

通过上述详细的策略实施，投资者可以在保持灵活性的同时，有效地利用市场机会减少因全仓操作带来的风险，需要注意以下四个方面。

（1）市场波动性。在高波动性的市场环境中，过窄的跟踪距离可能会导致频繁触发止损订单，造成不必要的交易成本。因此，在高波动性市场中，应适当放宽跟踪距离。低波动性市场则相反，可以设置较紧的跟踪距离，以更紧密地跟随资产价格的上涨。

（2）选择合适的跟踪距离。基于历史波动性选择跟踪距离，一般来说对于波动较大的资产，可以设置较大的跟踪距离。跟踪距离还应考虑个人的风险承受能力。如果投资者的风险偏好较低，可以设置较小的跟踪距离来保护本金；如果投资者愿意承担较高的风险，可以设置较大的距离以追求更高的收益。

（3）资产价格的缺口。资产价格缺口主要是指价格跳空高开或者低开现象，例如资产价格直接从较高位置跳到较低位置，这可能导致跟踪止损无法按照预期的价格成交。为了应对这种情况，可以设置更宽松的跟踪距离或结合其他风险管理工具，如期权对冲。在2024年的国债期货行情中，市场的降息预期一直存在，国债期货收盘后若有降息预期升温，第二天国债期货会大幅高开，若投资者持有的是空头头寸，则会无数次面临着期货价格跳空高开止损的情况，这种情况下投资者可能一直无法按照预定价格止损，投资者会扩大原本的止损范围。

（4）投资者心理因素。投资者要克服止损带来的心理障碍，而设置跟踪止损可以帮助投资者克服心理障碍，避免因为贪婪或恐惧而做出错误的决策，遵循既定的止损规则有助于保持纪律性。在面临上述的资产价格缺口导致的止损价格与预设不一致的情况时，是否严格遵守既定的止损策略，是摆在投资者面前最重要的心理障碍。

第十五章

如何进行多资产多策略投资组合再平衡

> 再平衡是资产配置过程中的关键环节,它能够帮助投资者在不同的市场环境下保持投资组合的有效性。
>
> ——《资产配置的艺术》(戴维·达斯特)

在多资产多策略理念的投资组合中,投资者天然就需要在资产和策略之间进行选择。这个过程本质上是动态资产配置,是一种高度灵活和适应性的投资管理方法。目标是根据市场状况、经济指标、资产价格变动以及投资者个人目标和风险承受能力的变化,实时或定期调整投资组合中的资产分配。

第一节　为什么要进行投资组合的再平衡

投资组合再平衡是一个动态管理过程，其重要性在于维持投资组合的结构与投资者的财务目标、风险偏好和市场环境相协调。以下五个方面更深层次地展开叙述了为何再平衡至关重要。

一、控制风险与收益的平衡

（1）风险偏好的稳定性。投资者的风险承受能力通常是由其财务状况、投资期限、收益目标和个人心理承受力等因素综合决定的，这些因素相对稳定。再平衡确保投资组合的风险等级与投资者的风险偏好相符，避免因市场波动导致风险过度集中。

（2）市场波动的不确定性。金融市场具有不可预测性，资产价格随经济数据、政策变动、企业业绩等因素上下波动，呈现随机漫步的现象。长期来看虽然某些资产类别（如股票）可能表现出较高的增长潜力但波动较大，而其他资产（如债券）可能提供稳定收入但增长有限。再平衡帮助投资者在风险与收益之间取得平衡，确保组合的稳定性和可持续性。

二、利用市场波动进行成本效益交易

（1）买低卖高。在市场波动中资产价格的变化为再平衡提供了"低买高卖"的机会。例如，当股市下跌时股票资产比重减少，通过购买股票来增加其比重，实质上是以较低的价格买入，待市场回升时获得增值潜力。

（2）成本效益。通过合理的再平衡策略可以最小化交易成本和税收影响，如利用税务损失收割策略，即在资产价值低于购买成本时卖出，用以抵减应纳税的资本收益。

三、维持投资纪律性

（1）情绪控制。市场波动常引起投资者情绪起伏，如贪婪或恐慌导致非理性的买卖决定。通过再平衡这种纪律性策略，可以帮助投资者在市场动荡时保持冷静，遵循既定的投资计划，避免冲动交易。

（2）长期视角。前面提过多次，再平衡促使投资者保持长远视角，专注于长期目标而非短期市场波动，有助于实现教育基金、退休储蓄等长期财务规划目标。

四、适应性管理

（1）个人情况变化。投资者的财务状况、风险偏好和投资目标并非一成不变，会随着年龄、收入、家庭状况等个人因素的变化而调整。再平衡提供了一种机制，可以根据个人情况变化适时调整投资组合。

（2）市场环境变化。全球经济环境、政策导向、利率变动等都会影响资产表现，再平衡使投资组合能够灵活适应市场环境变化，保持最佳配置。

五、流动性与资金管理

资金可用性方面，确保投资组合中始终有足够的流动性资产以应对突发事件或抓住投资机会，而不必被迫在不利条件下卖出长期资产。

对于有定期资金流入（如工资、退休金领取）或流出的投资组合，再平衡策略可以结合现金流进行，从而更加高效地调整资产配置。

总之，再平衡是投资管理中不可或缺的一环，它不仅关乎风险控制和收益优化，还是对投资者情绪、个人情况变化以及市场环境适应性的综合管理。通过科学合理的再平衡策略，投资者可以更有效地实现长期的财富增长。

第二节　四种常见的再平衡方法

一、定时再平衡

定时再平衡（timebased rebalancing）是一种投资组合管理策略，其核心思想是在固定的、预设的时间间隔内对投资组合进行检查和调整，以确保投资组合的资产配置比例与投资者的目标配置保持一致。这种方法简单明了，易于执行，尤其适合那些希望减少市场时机选择风险、追求长期稳定性的投资者。下面内容是对定时再平衡策略的详细说明。

1. 定时再平衡的逻辑

（1）设定时间周期。首先，投资者或其财务顾问需要确定一个再平衡的时间周期，这可能是每年、每半年、每季度、每月，甚至更频繁。时间周期的选择应基于投资者的风险承受能力、投资目标、市场预期以及交易成本等因素。

（2）监控与评估。每当到达预设的再平衡时点，投资者会审查投资组合中各类资产（如股票、债券、现金等）的实际比重，与最初设定的目标比重进行对比。

（3）执行调整。如果发现任何资产类别的比重偏离了目标配置，就需要进行买卖操作，将比重调整回目标水平。例如，如果股票比重因为市场上涨而超过了目标比重，投资者会卖出一部分股票，用所得资金买入比重较低的资产（如债券或现金），反之亦然。

2. 定时再平衡的优点

简化决策过程，定时再平衡提供了一个清晰的规则，减少了市场情绪和个人判断的影响，使投资决策更为系统化和纪律化。从投资者情绪方面来看，避免情绪干扰有助于投资者克服恐惧和贪婪的心理，避免在市场高峰或低谷时做出冲动的投资决定。这有助于确保投资组合的风险水平和预期收益与投资者的长期目标保持一致，促进资产的稳定增长。

3. 定时再平衡的缺点

一是交易成本问题，即使市场没有显著变化也会因为时间到了而进行交易，这可能会增加交易费用和潜在的税收负担。二是市场时机问题，在某些情况下定时再平衡可能会在市场不利时强制卖出表现好的资产或买入表现不佳的资产。三是资源消耗问题，需要定期投入时间和精力来监控投资组合，对于大型或复杂的组合来说，这可能是一项耗时的任务。

4. 应用建议

投资者应根据自己的财务状况、投资目标和市场环境，合理设定再平衡的时间周期。在实施定时再平衡之前,要仔细评估交易成本和潜在的税务影响,确保策略的净效益为正。同时投资经理实施组合策略要留有一定的灵活性,如在市场出现极端波动时,可以适当调整再平衡的时间或策略以适应实际情况。

综上所述,定时再平衡是一种纪律性较强、易于实施的投资策略,适合希望通过定期调整来维持风险收益平衡的长期投资者。

定时再平衡策略在实际应用中非常普遍,下面是一个简化的案例,帮助你更好地理解这一策略是如何在实际投资中发挥作用的。

案例背景:假设投资者小李构建了一个简单的投资组合,计划将其资产分配为 60% 的股票(高风险、高潜在收益)和 40% 的债券(低风险、稳定收益)。小李决定采用每年 12 月 31 日作为再平衡的时间点,以此来维持其资产配置比例不变。

初始投资:股票投资 60 000(60%)美元,债券投资:40 000(40%)美元,总投资额:100 000 美元。

经过一年的市场波动,股票增值:上涨 20%,股票价值变为 72 000(=60 000 + 12 000)美元;债券收益:假设债券年收益率为 5%,债券价值变为 42 000(=40 000 + 2000)美元;年末总资产:114 000=[72 000(股票)+42 000(债券)]美元。

再平衡操作,此时,股票在投资组合中的比重变为约 63.16%(=72 000 / 114 000),债券比重变为约 36.84%,偏离了最初的 60∶40 的目标配置。

为了再平衡:小李需要将股票持有量调整回 68 400(114 000 总投资额的 60%)美元,小李需要从股票中抽出 3600(=72 000-68 400)美元并投资到债券中,债券投资增加后变为 45 600(=42 000 + 3600)美元。

结果，调整后股票：68 400（60%）美元；调整后债券：45 600（40%）美元；总资产：继续保持 114 000 美元，但资产配置比例已恢复至 60∶40。

总结来看，通过这个案例，我们可以看到即使市场发生了变化，导致资产配置比例偏离了原始设定，定时再平衡策略通过在预定时间点进行调整，帮助小李重新调整了投资组合，确保其风险和收益目标保持一致。这种方法不仅有助于控制风险，还能在长期内维持投资组合的稳定性。当然，实际操作中还需要考虑交易成本、税收影响以及市场的具体情况。

二、阈值驱动再平衡

阈值驱动再平衡策略是一种资产配置维护机制，它基于预先设定的权重偏差阈值来决定何时对投资组合进行调整，以保持资产之间的预定比例。这种策略在投资管理和财富规划中广泛应用，特别是对于那些追求长期稳定收益和风险管理的投资者。下面是对该策略的更详细的解析，包括其运作机制、优势、挑战及一个更详尽的案例分析。

（1）阈值驱动再平衡策略运作机制。第一步是目标配置设定，投资者根据自身的风险承受能力、投资期限、收益目标等因素确定一个理想的投资组合结构，例如决定将 60% 的资金分配给股票、30% 分配给债券、10% 分配给现金或现金等价物。第二步是确定阈值，投资者为每种资产类别设定一个权重浮动的容忍范围，也就是再平衡的触发点，常见的阈值范围可能是 ±5% 至 ±10%。这意味着只有当某项资产的权重相较于目标配置偏离超过这个比例时，才会进行调整。第三步是监测与执行，投资者或其财务顾问会定期（如每季度、半年或每年）检查投资组合的实际情况，对比当前的资产权重与目标配置。一旦发现某个资产的权重超出了预设的阈值，就进行再平衡操作，卖出超配的资产，买入低配的资产，以恢复到最初的目标配置比例。

（2）阈值驱动再平衡策略的优势。一是通过强制性的再平衡，可以避免单一资产类别权重过高导致的风险集中，达到控制风险的目标。二是阈值驱动策略提供了一套明确的规则，有助于克服人性中的贪婪或恐惧，确保投资决策基于理性而非情绪。三是在某些情况下，再平衡可能意味着"买低卖高"，长期来看，有助于提高投资组合的整体收益。

（3）阈值驱动再平衡策略的挑战。一是交易成本问题，频繁的再平衡会增加交易成本和税收负担，影响净收益。二是市场时机选择问题，有时市场的短暂波动可能导致不必要的再平衡操作，反而会错失后续市场上涨的机会。三是仍需要主观判断，阈值的选择需要一定的主观判断，不同的阈值设定会影响再平衡的频率和最终的投资结果。

（4）案例分析扩展。假设投资者初始投资组合为 100 万美元，目标配置为股票 60%、债券 30%、现金 10%。

初始配置：股票为 600 000 美元，债券为 300 000 美元，现金为 100 000 美元，设定的再平衡阈值为 ±10%。

两年后情况：假设股市年增长率为 15%，债券为 5%，现金无增长，那么股票为 747 600（$\approx 600\ 000 \times 1.15^2$）美元，债券为 330 750（$\approx 300\ 000 \times 1.05^2$）美元，现金为 100 000 美元。此时，股票占比约为 74.76%，已超出 70%（=60%+10%）的阈值上限。因此，需要进行再平衡。

再平衡步骤：目标股票权重为 60%，总值应为 600 000 美元，需要卖出 147 600 美元的股票。这笔资金按比例重新分配到债券和现金，债券获得 88 560 美元（60%），现金获得 59 040 美元（40%）。

再平衡后（忽略交易成本和税费）：股票为 600 000 美元，债券为 419 310（=330 750 + 88 560）美元，现金为 159 040（=100 000 + 59 040）美元，通过这个过程，投资组合回到了初始的目标配置比例，保持了资产配置的平衡，有助于实现长期的财务目标。

三、综合再平衡

综合再平衡策略（combination of time and threshold），也称为时间与阈值结合再平衡法，是一种结合了时间驱动和阈值驱动两种再平衡策略的方法。这种策略既考虑了固定时间周期（如每季度、每半年或每年）进行再平衡的规律性，又融入了资产权重偏离度的灵活性，即只有当资产配置偏离其目标权重达到一定阈值或者到了预设的时间点时，才会触发再平衡操作。这样既能减少交易频率和成本，又能确保投资组合不会因市场短期波动而过度偏离目标配置，从而有效控制风险并把握市场机会，下面是综合再平衡策略运作机制的详细介绍。

1. 综合再平衡策略运作机制

第一步是设定目标配置，投资者根据自身投资目标、风险偏好等因素确定各类资产的理想配置比例，例如股票 50%、债券 30%、现金及等价物 20%。第二步是确定时间周期与阈值，选择一个固定的时间周期（如每半年）作为再平衡的检查点，同时为每类资产设定一个权重偏离的阈值（如 ±10%）。这意味着即使在时间周期到达前，如果某类资产的权重变动超过阈值，也需要提前进行再平衡。反之，如果在时间周期到达时所有资产的权重仍在阈值范围内，则不进行调整等待下一个周期。第三步是组合监控与执行，定期监控投资组合的实际权重，比较其与目标配置的差异，当任意资产的权重偏离超过预设阈值或到了预定的时间点且有资产偏离时，执行再平衡操作。

2. 综合再平衡策略的优势

成本与效率平衡，减少了不必要的交易次数，相比纯粹的时间驱动策略更能控制交易成本，同时也比纯阈值驱动策略更有规律性，确保投资组合不会长时间偏离目标配置。

综合再平衡策略能灵活适应市场，既能及时响应市场大幅波动，避免资产配置过度偏离，又能保持一定的策略纪律性避免频繁交易。

案例分析：假设一位投资者的初始投资组合为100万元，目标配置为股票50万元、债券30万元、现金及现金等价物20万元，设定每半年检查一次资产配置，并设定±15%的权重变动阈值。

初始状态：股票为50万元、债券为30万元、现金及现金等价物为20万元。

半年后市场情况：股票增值20%，价值变为60万元；债券增值5%，价值变为31.5万元；现金及现金等价物无变动，仍为20万元。此时股票权重为60%，超过目标权重50%的15%阈值（57.5%），触发再平衡条件。

再平衡操作：为了恢复到目标配置，需要从股票中抽出资金，使其价值回到50万元。抽出的10万元按比例分配给债券和现金，即债券获得6万元（60%），现金获得4万元（40%）。

再平衡后状态：股票为 50 万元、债券为 37.5 万元、现金及现金等价物为 24 万元。

通过这个案例可以看出，综合再平衡策略在确保投资组合不会过度偏离目标配置的同时，避免了因为小幅度市场波动而频繁调整，达到了成本与效率的较好平衡。

四、现金流再平衡

现金流再平衡（cashflow rebalancing）策略，是一种结合投资组合管理和个人现金流管理的投资策略。这种策略主要适用于持续有现金流进出的投资场景，如定期的工资收入、股息收入、退休金领取或定期的投资追加等。其核心思想是在资金流入或流出时，利用这些现金流来调整投资组合，使之维持在目标的资产配置比例，而不是通过卖出现有资产或额外购买来实现再平衡。这种方法尤其适合于希望减少交易成本和税务影响的投资者。下面详细介绍该策略及其相关案例。

1. 策略原理

第一步是设定目标配置，投资者需要根据自己的风险承受能力、投资目标和市场预期，设定一个理想的投资组合配置比例，比如股票为 40%、债券为 40%、现金为 20%。第二步是监测现金流量，当有新的现金流入（如工资、奖金、分红等）或流出（如生活开支、定期赎回等）时，评估投资组合当前的资产配置情况。第三步是利用现金流再平衡，将新进的现金按照当前投资组合的偏离情况分配至各个资产类别，以逐步调整至目标配置。例如，如果股票比重低于目标，新增资金优先投入股票；如果现金过多，则可按比例分配给股票和债券。第四步是长期调整，随着时间推移和多次现金流的再平衡操作，投资组合将逐渐接近并维持在目标配置。

2. 案例分析

假设一位投资者计划每月从工资中拿出 5000 元进行投资，其投资组合的目标配置为股票 50%、债券 40%、现金及现金等价物 10%。

初始状态：股票为 10 万元、债券为 8 万元、现金为 2 万元，总投资额为 20 万元。

第一个月现金流：投资者收到工资后准备投资 5000 元，此时投资组合因市场波动变为股票 9.8 万元（原 10 万元，假设因市场下跌损失 2%）、债券 8.2 万元（原 8 万元，假设因市场上涨增加 2.5%）、现金 2.5 万元（原 2 万元加上新增的 5000 元），此时股票权重低于目标，债券和现金权重均高于目标。

再平衡操作：根据目标配置，新增的 5000 元应分配为股票 2500 元、债券 2000 元、现金保持为 500 元。调整后，股票投资为 10.05 万元，债券为 8.4 万元，现金为 2.05 万元。

后续月份重复这一过程，每次有工资收入时根据最新的投资组合状态微调资金分配，逐渐使投资组合向目标配置靠拢。

3. 现金流再平衡的优势

现金流再平衡具有多个优势。一是可以降低成本，通过利用自然发生的现金流进行再平衡，可以减少因买卖资产产生的交易费用和可能的资本利得税。二是现金流再平衡作为纪律性投资，可以帮助投资者形成定期投资的习惯，同时在市场波动中维持投资纪律。三是现金流再平衡可以简化投资组合的管理，相对于频繁的主动再平衡，此策略操作更为简便，适合于忙碌或不愿意频繁交易的投资者。

综上所述，现金流再平衡策略是一种高效、低成本的资产配置调整方式，特别适合拥有稳定现金流来源的长期投资者。

第三节　如何进行战术性资产配置调整

战术性资产配置（tactical asset allocation，TAA）是一种主动管理投资策略，它在长期战略配置的基础上，根据市场环境、资产估值、经济周期、技术指标等短期因素，灵活调整投资组合中各资产类别的比例，以期在市场波动中捕捉额外收益或降低风险。

战术性资产配置强调对短期市场时机的把握，通过对市场趋势的预测和对特定资产类别表现的预期，暂时偏离长期的战略配置比例，以实现超越基准或战略配置本身的收益。这种调整通常基于对未来几个月到一年内市场的看法，而非长期投资目标。

一、战术性资产配置调整的操作方式

战术性资产配置调整的操作方式包括五个步骤。第一个步骤是市场分析，战术性资产调整前需要对经济数据、政策变化、市场情绪、技术指标等进行全面分析，以识别可能影响资产价格的短期驱动因素。第二个步骤是基于分析结果来确定资产超配与低配，对预期表现优于或劣于市场预期的资产类别进行超配（增加权重）或低配（减少权重）。

例如，预期利率下降时可能会超配债券，预期经济增长加速时可能会超配股票。第三个步骤是组合调整时机的选择，确定调整的时机很关键，需要结合技术分析、经济指标的转折点等，以寻找最佳的进入点和退出点。第四个步骤是组合的风险管理，设置明确的止损点和止盈点，限制潜在损失，同时在资产价格达到预期目标后及时锁定利润。第五个步骤是资产再平衡，当市场条件改变或达到预定目标后，及时回归到战略配置或进行新一轮的战术调整。

战术性资产配置调整优势在于收益和风险两方面。收益方面，战术性资产配置通过灵活调整捕捉市场机会，可以在市场有利时机获得超额收益。风险控制方面，战术性资产配置可以及时低配高估或面临风险的资产，有助于降低组合风险，更快适应市场环境变化，提高投资的灵活性。

战术性资产配置调整挑战有三个维度。一是价格预测具有难度，短期市场预测非常困难，无论什么逻辑的基本面预测或者技术分析预测都容易出现失误，所以投资者应该更多考虑应对策略，不必执着于预测。二是交易成本和情绪干扰成本较多，频繁调整可能增加交易成本，包括资产的价差损耗、佣金、税费等，同时调整容易受到投资者情绪的影响，可能导致决策偏离理性分析，无论是资产价格朝着有利还是不利的方向走，都存在较大的情绪成本。三是投资纪律性要求方面，投资者需要严格遵守投资纪律止损与止盈，避免过度自信或追逐热点，这就需要大量的研究资源和专业技能，包括市场分析、经济预测等。

总体来看，战术性资产配置是一种试图通过主动管理来提高投资收益的策略，但它需要投资者具备高度的市场敏感度、严格的纪律性，以及对市场动态的深刻理解。同时，也要充分认识到伴随这种策略的挑战，包括预测的不确定性、成本增加以及情绪控制的难度。

二、影响战术性资产配置调整的重要因素

市场环境、资产估值、经济周期、技术指标等短期因素对战术性资产配置的调整至关重要，它们是制定和执行战术性资产配置策略的关键依据，这些因素如何具体影响战术性资产配置调整的决策呢？

1. 市场环境

市场环境包括了三个方面。一是市场情绪，短期内市场情绪可以极大地影响资产价格，极度乐观或极度悲观的情绪都可能导致资产价格偏离其内在价值，战术性资产配置可以借此机会超配被低估的资产或低配被高估的资产。二是市场流动性，市场流动性变化会影响资产买卖的难易程度和成本，例如在流动性紧张时，战术性资产配置可能需要减少交易频率或选择流动性更好的资产类别。三是政策的变动，政府政策、央行政策等外部干预能迅速改变市场预期，如降息可能促使战术性资产配置增加对股票和债券的持有，而紧缩政策则可能促使减少风险资产的配置。

2. 资产估值

资产的估值包括两个方面。一是相对估值，战术性资产配置会比较不同资产类别的估值水平，如市盈率、市净率等，超配估值较低、预期未来有上行空间的资产，低配估值过高、存在回调风险的资产。

二是绝对估值，对于单个资产或资产类别，如果其绝对估值低于历史平均水平或被认为低估，可能成为战术增配的理由。

3. 经济周期

关于经济周期的论述，主要是四个阶段。第一阶段是经济衰退阶段，在经济衰退初期，战术性资产配置可能倾向于增加债券和防御性股票的比重，减少对周期性股票的配置，以降低组合风险。第二阶段是经济复苏阶段，随着经济开始复苏，可以增加对股票特别是周期性行业股票的配置，减少债券配置，以抓住增长机遇。第三阶段和第四阶段是经济扩张阶段和过热阶段，此时可能需要逐步减少股票配置，增加现金或逆周期资产，为可能的经济速度减慢做准备。

4. 技术指标

本节所指的技术指标主要包括三个最基础的指标。一是资产价格的趋势线，通过图表分析，如价格突破重要阻力位或支撑位，可作为战术性资产配置调整的信号，如追涨或减仓。二是资产价格走势体现出的动量指标，如 RSI、MACD 等，用来识别资产价格的动量变化，帮助投资者判断买入或卖出时机。三是资产标的的成交量，成交量变化通常预示着市场情绪和资金流向的变化，可用于验证价格走势的有效性，指导具体的资产配置。

通过综合分析以上因素，战术性资产配置策略可以更好地适应市场的短期波动，捕捉盈利机会，同时也控制风险。然而，需要注意的是，所有这些分析都基于对未来的预测，因此存在不确定性，要求投资者具有高度的灵活性和对市场动态的敏锐洞察力。

第四节　如何在风险预算法下进行资产配置平衡

风险预算法作为一种投资管理策略，它将风险管理的核心思想融入资产配置过程中，通过量化手段设定并控制投资组合中的风险水平。该方法不仅仅关注资产的预期收益，更重要的是关注资产或投资组合在不同情境下的风险敞口，旨在通过合理分配风险来优化投资组合的表现。风险预算通常以风险度量值（如 VaR）为基础，将组合风险分解并分配给不同的资产类别、投资策略或风险因子，确保每个部分的风险收益与投资目标相符。

一、风险预算法下组合再平衡的操作方式

（1）风险识别与量化。风险识别与量化是指识别投资组合面临的各种风险，包括市场风险、信用风险、流动性风险等，并采用统计方法量化这些风险，如计算各类资产的预期收益和标准差、VaR 值等。

（2）风险分配。风险分配是指根据投资者的风险偏好和投资目标，将总风险额度分配给不同的资产或策略。例如，某资产类别因具有较低的波动性而被赋予较高的权重，以控制整个组合的风险水平。

（3）动态调整。动态调整是指定期或根据市场变化动态调整资产配置，确保每个部分的风险收益仍然符合最初的风险预算，这可能涉及对资产权重的调整，或在特定风险因子上的超配/低配。

（4）监控与报告。在应用风险预算法时，要持续监控风险预算的执行情况，定期审查投资组合的风险分布，确保风险控制在既定范围内并向投资者提供透明的风险报告。

二、风险预算法下组合再平衡的优势

（1）风险控制。明确的风险预算有助于控制投资组合的整体风险水平，避免过度集中于某一特定资产或风险因子。

（2）增强决策依据。将风险考量纳入资产配置过程，提供了更加全面的决策支持，有助于平衡风险与收益。

（3）灵活性。允许在不同市场环境下动态调整风险敞口，适应市场变化，捕捉投资机会或回避风险。

（4）提高透明度。清晰的风险预算框架提高了投资过程的透明度，便于投资者理解和评估投资策略。

三、影响风险预算法的因素

影响风险预算法的因素多样且复杂，它们共同作用于风险预算的制订、执行与调整过程中，确保投资组合管理既能追求收益最大化，又能有效控制风险。以下内容是对这些因素的详细介绍。

（1）市场环境与经济周期。市场波动性直接影响投资组合的风险水平，高波动性时期需要更严格的风险预算控制，以防止资产价值大幅缩水。经济周期方面，不同经济周期阶段（如扩张期、衰退期）对各类资产表现有不同影响，风险预算需根据经济周期调整，以适应周期性变化带来的风险变化，此处可以参考关于经济周期的著作，例如《逃不开的经济周期：历史，理论与投资现实》、橡树资本创始人霍华德·马克斯的《周期：投资机会、风险、态度与市场周期》。

（2）投资者特性。投资者的风险承受能力、投资目标和时间范围直接决定了风险预算的设定。保守型投资者倾向于较低的风险预算，而激进型投资者则可能接受较高的风险预算。投资者的可用资金量、资金流动性需求和未来现金流的不确定性也会影响风险预算的设定，资金充裕的投资者可能更愿意承担风险以追求较高收益。关于机构投资行为，可以参考耶鲁大学基金会创始人的《机构投资的创新之路》。

（3）资产类别特征。首先是资产之间的相关性，资产之间的相关性对风险分散有重大影响，高度相关的资产组合无法有效降低整体风险，因此风险预算需要考虑如何通过低相关性资产组合来优化风险配置。其次是资产自身的风险与收益特性，不同资产类别（如股票、债券、商品、房地产）的风险与预期收益率不同，风险预算需考虑各资产的特性和相互之间的风险分散效果。

（4）市场预期与策略假设。预期收益率方面，对各类资产未来收益的预期影响风险预算的分配，过高或过低的预期都可能导致风险预算不当，可以参考《预期收益：投资者获利指南》这本书，目前同系列出了第二本。宏观经济预期方面，对经济增长、利率走向、通胀预期等宏观经济因素的判断也会影响风险偏好和资产配置策略，可以参考高善文博士的《经济运行的逻辑》。

综上所述，风险预算法的制订与执行是一个动态调整的过程，需要综合考虑多种内外部因素，以确保投资组合在追求收益的同时，能够有效地管理和控制风险。

第五节　如何在目标日期策略下进行投资组合再平衡

目标日期策略（target date strategy）又称生命周期策略，是一种自动调整资产配置的投资策略，主要应用于目标日期基金（target date funds, TDFs）。这类基金设计的初衷是满足投资者在不同生命阶段的财务规划需求，特别是为退休储蓄服务。基金的投资组合配置会随着目标退休日期的临近而自动调整，初期通常较多配置股票等高风险、高收益的资产，以利用其长期增长潜力；随着目标日期的接近，会逐渐增加债券和其他低风险资产的比例，以降低市场波动对资产的影响，保护已累积的收益。

一、目标日期策略的优势

目标日期策略的优势较多，一是简化投资组合管理，目标日期基金的投资策略相对固定，投资者无须频繁调整资产配置，适合缺乏投资经验或无暇管理投资组合的人群；二是该策略与生命周期匹配，自动调整资产配置，与投资者随年龄增长而变化的风险承受能力相匹配，无须投资者主动干预；三是该策略可以分散风险，通过多元化投资于多种资产类别，有效分散风险，减少单一市场或资产的波动影响；四是适合长期规划，鼓励长期投资，帮助投资者克服市场短期波动，专注于长期的财富积累和保值。

二、目标日期策略的劣势

目标日期策略也有不少劣势，一是个性化不足，标准化的配置调整可能不完全符合每位投资者的具体需求，特别是风险偏好、财务状况和退休目标各异的投资者；二是灵活性受限，自动调整机制限制了投资者根据个人市场判断或生活变化自主调整投资组合的灵活性；三是成本问题，目标日期基金通常含有管理费且可能高于一些被动管理的指数基金，长期来看可能侵蚀投资收益；四是需要进行下滑曲线的假设，基金的下滑曲线设计基于一定假设，实际市场情况可能与预期不符，会导致策略效果不如预期。

三、目标日期策略的运用场景分析

从目标日期策略的运用场景分析来看，最重要的是退休规划场景，目标日期基金特别适合用于长期退休储蓄计划，如欧美的 401（k）、个人退休账户等，为那些希望"一站式"解决退休储蓄问题的投资者提供便利。目标日期策略可以是自动投资计划场景，适合希望通过定期定额投资或一次性投资，长期持有并自动调整资产配置的投资者。对于没有足够投资知识或时间去主动管理投资组合的个人，目标日期基金提供了一个省心的选择。目标日期策略还可以是教育储蓄场景，虽然目标日期策略主要针对退休，但目标日期策略也可应用于长期教育基金等其他长期财务目标，只要目标日期策略与教育支出需求相匹配即可。

综上，目标日期策略在简化投资管理、匹配生命周期需求方面展现出明显优势，但其适用性还需要根据投资者的具体情况进行评估，确保与个人的财务目标、风险偏好和投资期限相匹配。

第六节　投资组合调整中的因子策略

本节让我们接着第二章内容进一步细化因子投资策略在动态组合调整中的应用，包括具体的操作流程、技术细节和考虑要点。

一、深入因子分析与选择

投资者需要从大量可能影响组合的因子中筛选出那些能够稳定预测资产收益的因子，这个过程通常涉及因子的有效性检验，如通过回归分析评估因子对资产收益的解释力，以及因子间相关性分析，确保因子的独立性。

根据第二章的分析，无论是三因子模型还是五因子模型，因子大致都可以分为宏观经济因子（如 GDP 增长率）、风格因子（如价值、成长）、行业因子、质量因子等。投资者应根据投资策略的需要，选择合适的因子类型。关于因子分析与选择，可以参考《因子投资：方法与实践》这本书。

二、因子暴露度量与优化

（1）风险因子暴露的计算。投资者利用因子模型（如 Barra 模型、法玛-弗伦奇三因子模型等）计算投资组合在选定因子上的暴露度，理解组合风险结构和收益来源。

（2）优化算法。投资者应用数学优化技术（如均值方差优化、最大夏普比率优化等各类指标）结合因子暴露，调整资产权重，以达到风险与收益的最佳平衡。

（3）机器学习算法。例如，强化学习可用于动态调整因子权重，提高适应性。

三、两种因子动态调整策略

（1）定期与触发式调整。设定定期（如季度、半年）或基于特定市场信号（如因子相对强度变化、市场转折点）的调整规则，以维持或改进因子暴露的优化状态。

（2）因子轮动的动态调整。监控因子自身的周期性和相对宏观基本面的表现，适时转换因子权重，捕捉不同市场周期下的优势因子，从而调整组合权重。

四、风险预算与流动性约束

投资者应将风险预算的思想融入因子调整过程中，为每个因子设置风险上限，确保投资组合整体风险可控。在考虑资产的流动性时，确保调整策略在不影响市场的情况下得以实施，避免流动性不足引发的额外成本。

五、持续监测与反馈循环

持续监测与反馈循环是指定期进行业绩归因分析，总结投资收益的来源与因子策略是否一致，若不一致则进行进一步的归因。业绩归因后再根据市场反馈和业绩评估结果，不断优化因子选择、权重配置和调整逻辑，形成闭环的策略迭代过程。

第四部分

多资产多策略投资中的风险管理及业绩归因

第十六章

基于组合收益和风险的多资产多策略选择

> 与以往任何时候相比,直面风险和管理风险都是至关重要的技能。
> ——《灰犀牛:个人、组织如何与风险共舞》
> (米歇尔·渥克)

第一节 基于资产选择的配合

一、股票多空策略与固定收益策略

股票多空策略通过对股票多空操作盈利,能对冲部分市场风险,但仍有部分市场和个股风险。固定收益策略投资债券等,收益稳定、风险低,可提供稳定现金流与资产保值。

在市场上涨阶段,投资者需要对宏观经济数据、行业发展趋势以及企业盈利预期等进行综合分析。若预期股市整体向好，例如 GDP 增速稳定上升、企业盈利普遍增长等情况，可将股票多空策略的仓位提升至 60%～70%。在股票多空策略内部，进一步根据市场风格和行业前景进行细分。如当前成长风格占优，可将其中 50%～60% 资金配置于成长型股票的多头头寸，选择具有高研发投入、高增长潜力的科技、生物医药等行业的优质个股；同时，拿出 10%～20% 资金构建空头头寸，针对那些估值过高、业绩不佳的股票进行融券卖出。与此同时，保持 30%～40% 的固定收益仓位，投资于国债、大型优质企业发行的债券等，确保资产的稳定性。当市场不确定性增加或股市下跌时，比如股市进入熊市初期，企业盈利开始下滑、市场恐慌情绪蔓延，将股票多空策略仓位降至 30%～40%，其中多头头寸占比降至 20%～30%，空头头寸适当增加至 10%～20%，以利用股市下跌获利。同时，把固定收益策略仓位提高到 60%～70%，优先配置国债等安全性高的债券，进一步稳定组合价值。

二、行业轮动策略

行业轮动策略依据宏观经济等因素在不同行业间配置资产以获利。分散投资策略将资金分散于不同行业、地区、类型资产，降低单一资产风险。

在经济复苏初期，投资者需要密切关注宏观经济数据、政策导向以及行业基本面变化。当行业轮动策略确定将资源、金融等顺周期行业作为重点配置方向时，配置比例可达 40%～50%。在资源行业中，进一步分析行业细分领域和企业竞争力。例如，对于矿业领域，选择

2～3 家具有资源储量优势、开采成本低、管理效率高的大型矿业公司，每家配置比例在 5%～10%；对于能源行业，选取 2～3 家在新能源转型方面有明确战略和实际进展的能源企业，同样每家配置 5%～10%；在金融行业中，选取 2～3 家资产质量优良、风控能力强的大型银行，每家配置 5%～10%；选取 2～3 家在投行业务、资产管理业务方面有突出表现的证券企业，每家配置 5%～10%。同时，为进一步分散风险，将剩余 50%～60% 的资金配置到消费、科技等其他行业的多只股票或债券等资产上。在消费行业，选择必需消费和可选消费的代表性企业，如食品饮料、家电等行业的龙头企业；在科技行业，涵盖半导体、人工智能、通信等细分领域的优质企业，确保资产配置的多元化。

三、胜率赔率策略与其他策略

胜率赔率策略通过对投资机会的胜率（盈利的可能性）和赔率（潜在盈利与潜在亏损的比例）进行分析，筛选出具有较高投资性价比的资产。该策略注重风险收益比的平衡，追求在可接受的风险下获取最大化的收益。

在资产选择时，胜率赔率策略可与股票多空策略、行业轮动策略相结合。当股票多空策略确定多头或空头标的时，运用胜率赔率策略进一步评估。例如，在选择成长型股票的多头头寸时，不仅关注企业的增长潜力，还通过对行业竞争格局、企业财务状况、市场估值等多方面分析，评估其盈利的可能性和潜在收益风险比。若某科技企业虽然增长潜力大，但行业竞争激烈，盈利不确定性高，胜率较低，即使潜在赔率较高，也应谨慎配置。在行业轮动中，当确定重点配置的顺周期行业后，对于行业内具体企业的选择，可以利用胜率赔率策略挑选出那些在行业上升期盈利确定性高、潜在收益风险比合理的企业。同时，在配置固定收益资产时，胜率赔率策略可用于评估不同债券的信用风险和收益水平，确保在稳定收益的前提下，选择信用风险低、实际收益率相对较高的债券。

第二节　基于择时策略的组合配合

一、趋势跟踪策略与均值回归策略

趋势跟踪策略是在市场趋势明显时，跟随价格趋势买卖资产以获利。均值回归策略是在市场波动大且无明显趋势时，基于价格偏离均值后会回归的原理进行反向操作盈利。

以股票市场为例，当市场处于牛市，如 2014 年至 2015 年上半年的股市行情时，投资者需借助技术分析指标（如移动平均线、MACD 等）和基本面分析来精准判断市场趋势。一旦确认市场处于上升趋势，趋势跟踪策略可将 80%～90% 的资金投入处于上升趋势的股票。选股时优先锁定行业龙头企业，这类企业往往具备强大的市场竞争力和稳定的业绩增长态势。同时，依据股票的走势和成交量等指标，合理设定止盈止损位。比如，当股价上涨 20%～30% 时，可部分止盈以锁定利润；当股价下跌 10%～15% 时，果断执行止损操作，避免损失持续扩大。仅预留 10%～20% 资金作为备用，用于应对突发状况或及时捕捉新的投资契机。当市场步入盘整期，如 2016 年全年及 2017 年部分时段，通过对市场成交量、波动率等指标的剖析，判定市场无明显趋势。此时，将趋势跟踪策略仓位降至 30%～40%，同时把均值回归策略的仓位提升至 60%～70%。对于均值回归策略，挑选那些价格波动较大但基本面稳固的股票，计算股票价格的历史均值和标准差，当股价偏离均值达到一定程度（如 2 倍标准差）时，展开反向操作，即股价高于均值 2 倍标准差时卖出股票，股价低于均值 2 倍标准差时买入股票，等待价格回归均值以获取收益。

二、事件驱动策略与长期投资策略

事件驱动策略依靠特定事件提前布局获利，时效性、针对性强。长期投资策略关注企业长期价值，持股时间长以获得资本增值。

假设长期投资策略已持有某行业龙头股作为核心资产，占组合仓位的 40%～50%。当行业内出现重大并购事件或政策利好某细分领域时，投资者需迅速对事件展开深入剖析，涵盖事件对相关企业的业务影响、财务状况变化以及市场竞争格局的改变等方面。若判断事件对某些企业具有积极影响，事件驱动策略可迅速布局相关受益企业，仓位控制在 20%～30%。在具体操作时，针对并购事件，重点关注被收购方和收购方的协同效应，若协同效应显著，可在并购消息公布初期迅速买入相关股票；对于政策利好事件，挑选符合政策导向、具备技术优势和市场份额的企业进行投资。事件结束后，若相关企业基本面良好，如业绩持续增长、市场份额逐步扩大等，可将部分事件驱动策略仓位转化为长期投资策略仓位；若事件影响仅为短期，比如只是短期的市场炒作，在股价达到预期目标后，及时获利了结，回归长期投资策略的资产配置比例。

三、胜率赔率策略

在趋势跟踪策略中，当市场趋势确立后，运用胜率赔率策略确定择时策略（入场和出场时机以及仓位大小）。例如，在牛市上升趋势中，若通过胜率赔率策略分析，判断某一板块趋势延续的胜率较高且潜在赔率合理，可适当增加该板块股票的仓位。在均值回归策略中，当股价偏离均值达到一定程度准备反向操作时，利用胜率赔率策略评估回归的可能性和潜在收益。若计算得出价格回归均值的胜率较高且赔率符合预期，再进行操作。对于事件驱动策略，在事件发生初期，通过对事件影响的深度分析，运用胜率赔率策略判断相关企业股价上涨或下跌的可能性以及潜在的收益风险比，从而确定投资的仓位和时机。比如，对于政策利好事件，若评估某企业受益程度高且股价上涨的胜率和赔率都较为可观，可迅速买入。

第三节 基于组合投资目标的配合

一、追求收益策略与平衡风险策略

追求收益策略通常侧重于寻找高收益的投资机会，承担相对较高的风险。而平衡风险策略旨在降低投资组合的整体风险，确保资产的稳定性。

追求收益策略与平衡风险策略在投资中相互配合，当投资者的主要目标是追求资产的快速增值时，可将激进型的投资策略，如股票多空策略中的高风险高收益部分，与相对稳健的策略搭配。例如，拿出30%～40%的资金投资于高成长潜力但风险也较高的新兴科技股票，通过深入研究企业的创新能力、市场潜力以及行业竞争格局，挑选出具有爆发性增长可能的标的。同时，将60%～70%的资金配置到风险相对较低的资产上，如优质蓝筹股、高等级债券等。对于蓝筹股，选择行业龙头企业，这些企业具有稳定的现金流、强大的品牌影响力和市场份额，能提供相对稳定的收益。债券部分则投资于国债和大型国有企业发行的债券，以确保资金的安全性。在市场波动较大时，适当调整两者的比例，降低高风险资产的占比，增加稳健资产的配置，以平衡风险。当市场处于相对平稳且有上升趋势时，可适度提高高风险资产的比例，追求更高的收益。

二、短期获利策略与长期资产增值策略

短期获利策略关注市场短期波动，通过快速买卖获取差价。而长期资产增值策略着眼于企业长期发展，通过长期持有实现资产的稳步增长。

短期获利策略与长期资产增值策略相互配合，投资者可以将一部分资金，比如20%～30%，用于短期获利策略，利用技术分析和市场热点进行日内交易或波段操作。通过对股票价格走势、成交量以及技术指标的分析，捕捉短期的价格波动机会。例如，当某只股票出现短期超卖信号且市场热点有所关注时，迅速买入，设定一个短期的止盈目标，如5%～10%，达到目标后及时卖出。同时，将70%～80%的资金用于长期资产增值策略，选择具有核心竞争力、行业前景广阔的企业长期持有。在选择长期投资标的时，深入研究企业的商业模式、创新能力、管理层素质等因素。例如，投资于消费行业的龙头企业，这些企业受益于消费升级的长期趋势，具有持续增长的潜力。在短期

获利的交易过程中，要注意不影响长期投资组合的稳定性，避免因短期的投机行为打乱长期投资计划。当短期交易获得一定收益后，可以将部分资金追加到长期投资组合中，进一步增强长期资产增值的潜力。

三、胜率赔率策略

在追求收益目标下，胜率赔率策略可帮助筛选出高性价比的投资机会，与追求高收益的策略协同。比如在投资新兴科技股票追求高收益时，通过胜率赔率策略分析，挑选出那些技术领先、市场需求大、盈利预期明确（胜率高）且当前估值合理、潜在上涨空间大（赔率好）的企业。在平衡风险目标下，利用胜率赔率策略评估不同资产的风险收益比，合理配置资产，确保在降低风险的同时不牺牲过多收益。对于短期获利策略，在寻找短期交易机会时，运用胜率赔率策略判断市场热点的持续性和潜在收益空间，提高短期交易的成功率。在长期资产增值策略中，胜率赔率策略可用于评估长期投资标的的长期投资价值，确保所选企业不仅具有长期增长潜力，而且在不同市场环境下都能保持合理的风险收益比，保障长期资产的稳健增值。

第四节　基于风险目标的多资产多策略配合

一、价值策略、趋势跟踪策略与反转策略的风险控制

（1）价值策略。投资者可以运用深入的基本面分析来实施价值策略。比如，通过分析公司近五年的财务报表，计算其市盈率、市净率、

净资产收益率等指标，并与同行业公司进行对比。同时，研究公司的商业模式、行业地位、竞争优势、管理层能力等因素，综合评估公司的内在价值。假设经过详细分析，确定某只股票的内在价值为60元，而当前股价为50元，认为该股票被低估，具有投资价值。

（2）趋势跟踪策略。投资者以技术分析为基础构建趋势跟踪策略。例如，利用日线级别图表，以20日和60日均线作为短期和中期趋势的判断依据。当短期均线上穿中期均线，形成金叉时，视为短期趋势向上，买入股票；当短期均线下穿中期均线，形成死叉时，视为短期趋势向下，卖出股票。为了控制风险，设定当股价跌破买入价的10%时，无论均线形态如何，都进行止损操作。

（3）趋势跟踪策略与价值策略的风险管控配合。假设投资者买入股票后，股价先是上涨至65元，但随后市场出现调整，股价快速下跌。当股价跌至52元时，接近短期均线，趋势跟踪策略发出风险预警。若股价继续下跌至50元以下，触发趋势跟踪策略的止损机制，投资者先卖出股票以避免损失进一步扩大。此时，价值策略发挥作用，投资者重新审视公司的基本面，若发现公司的财务状况依然良好，行业前景也没有改变，内在价值仍然支持股价，那么当股价在48元左右企稳并重新站上短期均线时，投资者可根据价值策略的判断，认为股价只是短期受市场情绪等因素影响，从长期来看依然有投资价值，从而重新买入股票。

（4）趋势跟踪策略与反转策略的风险管控配合。反转策略是基于市场过度反应理论，即当资产价格出现过度上涨或下跌后，预期价格会出现反转，从而进行反向操作。例如，在期货市场中，趋势跟踪策略可能会在原油价格持续上涨形成明显上升趋势时，买入原油期货合约。而反转策略则会关注原油价格上涨过程中的超买信号，当技术指标显示原油价格出现过度上涨、市场情绪过于乐观时，开始布局反转操作，逐步建立空头头寸。当趋势跟踪策略发现趋势开始减弱或出现反转迹象时，及时平仓止盈。同时，反转策略根据市场信号和风险控制原则，在合适的时机加大反向头寸的规模，以获取价格反转带来的收益。

二、事件驱动策略与成长策略的风险控制

（1）事件驱动策略。投资者密切关注市场上的各类事件，如公司的并购重组、重大合同签订、政策调整等。例如，一家新能源汽车公司宣布计划收购一家电池研发企业，投资者通过对行业动态的跟踪和分析，根据过往类似并购事件对股价的影响，判断该公司股价有望因并购带来的协同效应而上涨，于是买入股票。

（2）成长策略。继续以上文提到的公司为例，对该新能源汽车公司进行成长策略分析时，投资者研究发现，公司不仅在技术研发方面投入巨大，拥有多项专利技术，而且其产品市场占有率逐年提升，行业专家预测未来五年该公司所在的新能源汽车市场将保持高速增长。从公司的发展规划来看，其在全国多个地区布局了生产基地，产能将在未来几年大幅提升，具备很强的成长潜力。

（3）事件驱动策略与成长策略的风险管控配合。假设 A 公司要收购 B 公司，当收购消息公布后，股价却因市场担心两家公司的业务整合难度较大而下跌，此时事件驱动策略面临风险。但从成长策略角度分析，公司的长期成长逻辑并未改变，其技术优势、市场前景和产能

规划等因素依然支持公司未来的发展。因此，投资者没有盲目恐慌卖出股票，而是继续持有观察，若后续公司发布公告，详细介绍了并购后的整合计划和协同发展目标，消除了市场的担忧，股价开始上涨，那么事件驱动策略和成长策略都能实现盈利。反之，如果在后续跟踪中，投资者通过成长策略发现公司在并购过程中出现了技术人才流失、市场份额因竞争对手推出新产品而下降等问题，影响其长期成长，那么即使并购事件还未完全完成，投资者也会根据成长策略的判断，提前止损，避免更大损失。

三、套利策略与宏观策略的风险控制

（1）套利策略。以商品期货市场为例，投资者发现同一金属商品在国内期货市场和国外期货市场存在价格差异。假设国内期货市场该金属价格为每吨 50 000 元，国外期货市场价格为每吨 52 000 元（已考虑汇率因素），存在 2000 元的价差。投资者根据套利策略，在国内市场买入一定数量的期货合约，同时在国外市场卖出相应数量的期货合约，锁定这一价差收益。为了控制风险，投资者设定当价差缩小至 500 元以内时，无论是否盈利，都进行平仓操作，以防止价差进一步缩小甚至出现反转而导致亏损。

（2）宏观策略。投资者通过对全球宏观经济数据的分析，如各国 GDP 增长、通货膨胀率、货币政策等，判断全球经济面临通胀压力，主要经济体的央行可能会采取收紧货币政策的措施。宏观分析还显示，国际贸易局势紧张，可能影响金属等大宗商品的供求关系和价格波动。基于这些判断，投资者意识到市场整体风险上升，套利策略的风险也

会相应增加。

（3）套利策略与宏观策略的风险管控配合。若基于宏观策略的判断，投资者需要适当降低套利头寸的规模，从原本计划投入资金的 60% 降至 40%，以减少潜在损失。在套利过程中，投资者应密切关注宏观经济数据的变化和货币政策的动向。若宏观经济形势进一步恶化，如美国通胀数据大幅超出预期，美联储宣布提前加息，导致全球金融市场波动大幅增加，金属价格出现剧烈波动，国内外期货市场的价差也变得极不稳定。此时，在上文提到的金属套利案例中，即使价差还未缩小至 500 元的平仓线，投资者也会根据宏观策略的风险判断，提前平仓，锁定部分利润或减少损失，避免因市场的极端波动导致更大的风险。

四、量化对冲策略与主动管理策略的风险控制

（1）量化对冲策略。量化投资团队构建了一个复杂的基于股票多因子模型的量化对冲策略。该模型选取了估值、成长、质量、动量等多个因子，通过大量的历史数据回测和数据分析，确定每个因子的权重和筛选标准，从而选出一篮子股票。同时，为了对冲市场风险，根据投资组合的市值和市场风险敞口，卖出相应价值的股指期货合约。例如，投资组合市值为 1000 万元，根据模型计算出市场风险敞口为 0.8，即需要卖出价值 800 万元的股指期货合约来对冲市场风险。并且，量化模型会根据市场的变化，每天动态调整股指期货的对冲比例。

（2）主动管理策略。简单举例分析：基金经理通过深入的行业研究和公司调研，发现某新兴科技行业的政策环境发生重大变化，政府

出台了一系列扶持政策，鼓励该行业的创新和发展。同时，该行业内的几家龙头公司在技术研发方面取得了重大突破，有望在未来几年实现业绩的爆发式增长。基于这些研究和判断，基金经理决定增加该行业股票在投资组合中的比例，从原来的 5% 提高到 15%。

（3）量化对冲策略与主动管理策略的风险管控配合。当基金经理通过主动管理策略增加某行业股票仓位后，量化对冲策略会重新评估该行业股票与市场的相关性等因素。例如，经过分析发现该新兴科技行业与市场整体的相关性较高且波动性较大，于是量化对冲策略相应增加股指期货的对冲数量，将原本价值 800 万元的股指期货合约卖出量提高至 1000 万元，以确保整体组合的市场风险敞口仍在可控范围内。如果市场出现大幅下跌，量化对冲策略通过股指期货的空头头寸有效对冲了大部分市场风险，保护了组合的价值。而主动管理策略则可以根据对行业和公司的深入研究，及时发现量化模型可能忽略的因素，如政策变化对行业的长期影响、公司技术突破的市场潜力等，对量化对冲策略的投资组合进行优化和调整。比如，当发现某家量化模型选出的公司虽然符合多因子标准，但在技术创新方面存在较大隐患时，主动管理策略会建议投资者将其从投资组合中剔除，更换为更具潜力的同行业公司。

五、多因子策略与低波动策略的风险控制

（1）多因子策略。投资组合的多因子策略除了考虑价值、成长、动量三个因子外，还加入了质量因子，如资产负债率、现金流状况等。通过对每个因子进行打分和排序，综合计算每只股票的得分，选取得

分较高的股票构建投资组合。例如，对于价值因子，选取市盈率低于行业平均水平且市净率较低的股票；对于成长因子，关注营业收入增长率、净利润增长率等指标；对于动量因子，则参考股票过去三个月的涨幅。质量因子方面，筛选资产负债率合理、现金流充沛的公司。根据不同市场环境，动态调整各因子的权重，如在市场上涨阶段，适当提高动量因子权重；在市场下跌阶段，适当增加价值因子和质量因子的权重。

（2）低波动策略。在构建低波动股票池时，不仅要考虑股票过去一年的波动率，还要分析其近三年的波动率情况，以更全面地评估股票的波动特性。同时，结合行业特点和公司经营稳定性等因素，对波动率进行修正。例如，对于一些传统行业的龙头公司，即使其短期波动率略高于平均水平，但由于公司经营稳定、现金流可靠，也可将其纳入低波动股票池。而对于一些新兴行业的高波动性公司，即使短期波动率有下降趋势，也会谨慎考虑是否纳入。

（3）多因子策略与低波动策略的风险管控配合。在市场整体波动较大时，低波动策略筛选出的股票池可以为多因子策略提供相对稳定的投资标的。例如，多因子策略原本根据价值因子和动量因子，计划选择一只市盈率较低且近期涨幅较大的股票，但该股票的历史波动率较高。此时，结合低波动策略，会对这只股票进行更深入的分析。如果投资者发现其高波动率主要是由于公司业务的高风险性或市场对其前景的不确定性导致的，可能会放弃这只股票，转而选择另一只市盈率相近、动量表现也不错但波动率较低的股票。在市场风格切换时，多因子策略可以根据市场情况调整因子权重。若市场从成长风格转向价值风格，多因子策略增加价值因子权重，在低波动的股票池中选择更具有价值优势的股票。比如,在低波动股票池中,有一家传统制造业公司,其价值因子得分较高,虽然成长因子和动量因子的表现相对一般,但在价值风格占主导的市场环境下,多因子策略会将其纳入投资组合,这既降低了组合的波动风险,又能在不同市场风格下获取收益。

六、止损策略与胜率赔率策略的风险控制

(1)止损策略。其特性是给资产设定止损点,资产价格下跌到该点时卖出以控制损失。若采用价值投资策略买入一只股票,投资者需要对企业的基本面进行深入分析,包括财务状况、行业竞争力、管理层能力等。假设以买入价下跌15%作为止损点,当市场突发不利消息,如行业政策调整、企业出现重大负面事件等,该股票价格快速下跌接近止损点时,即使从价值分析角度认为基本面未变,但为防止风险进一步扩大,仍执行止损策略。若选择的是量化投资策略,投资者需要根据历史数据和策略回测结果,设置策略的最大回撤为10%。当组合净值回撤达到10%时,触发止损机制,暂停策略运行。此时,对策略的参数、市场环境变化、数据质量等进行全面风险排查,找出导致回撤的原因。若发现是市场环境发生重大变化,与策略假设不符,则对策略进行调整,如优化参数、改变投资组合等,待市场情况稳定后,再重新启动策略。

(2)胜率赔率策略。其特性是通过对投资机会的胜率(盈利的可能性)和赔率(潜在盈利与潜在亏损的比例)进行分析,筛选出具有较高投资性价比的资产,注重风险收益比的平衡,追求在可接受的风险下获取最大化的收益。

（3）止损策略与胜率赔率策略的风险管控配合。通过对各资产的胜率和赔率分析，确定在不同市场环境下各资产的合理配置比例，使组合在均衡风险的同时，追求更高的收益。例如，当股票市场波动率上升时，利用胜率赔率策略评估股票资产的风险收益比，若发现股票的胜率下降且赔率不理想，可适当降低股票仓位，增加债券或商品等风险相对较低资产的配置。在止损策略中，胜率赔率策略可辅助确定止损点和止损时机。当投资某资产后，若通过胜率赔率策略分析发现盈利的可能性大幅降低且潜在损失扩大，即胜率下降、赔率恶化，即使未达到预设的止损点，也可提前止损，以控制风险。

第十七章

如何识别、防范尾部风险

> 在心理学和决策论中，大多数有关"高估尾部概率"和"非理性行为"的结论都来自研究人员对尾部风险的误解。
> ——《肥尾效应》（纳西姆·尼古拉斯·塔勒布）

在变幻莫测的金融市场中，投资者常常面临着一个棘手的问题——如何有效控制多资产组合中某一类资产因市场动荡而引发的尾部风险。所谓尾部风险，指的是在资本市场行情沿着某一个方向演绎到了一定的程度后，资产价格大幅下跌或上涨对组合净值造成负面影响的风险，不同于黑天鹅或者灰犀牛，这种风险往往难以预测且具有极大的破坏力。本章将深入探讨规避尾部风险的五大核心策略，旨在帮助投资者构建更加稳健和抵御极端市场波动的投资组合，防止尾部风险的发生。

第一节 何为多资产多策略投资中的尾部风险

尾部风险（tail risk）是金融市场中一个至关重要的概念，它涉及投资收益分布中极端事件的概率及其对投资组合的潜在影响。在进行深入探讨之前，我们先从理论基础开始，然后逐步展开到实际应用和管理策略。

一、理论基础：正态分布（瘦尾）与肥尾分布

统计学中，正态分布（normal distribution）是最常被用作假设的基础模型，它假设数据呈钟形曲线分布，大部分数据点集中在平均值附近，而极端值（远离平均值的数据点）发生的概率非常低。然而金融市场的实际收益分布往往不一定是符合正态分布的理想状态，而是呈现出肥尾（fat tails）特性。肥尾分布意味着远离平均值的极端值发生的概率比正态分布预测的要高，特别是在负向的极端事件上，也就是所谓的"左尾风险"。

最出名的是塔勒布提出的肥尾风险（fat tail risk），肥尾风险是指在统计分布中尾部（极端值区域）的概率密度比正态分布（或任何其他瘦尾分布）预测的要高。在肥尾分布中，极端事件发生的概率要比在正态分布中高得多。这意味着虽然这些事件可能仍然罕见，但它们的发生概率比人们基于正态分布所预期的要频繁，一旦发生，其影响可能极为严重。在金融市场上，肥尾风险通常与市场崩溃、极端波动和其他"黑天鹅"事件相关联。塔勒布在《肥尾效应》中对此阐述道："有些事件在你的预期和建模能力之外，而且其效应极为显著。好的方法不是去预测它们，而是对它们产生的影响呈现出凸性（至少不是

凹性）：我们能了解自身对某类事件的脆弱性，甚至可以对其量化衡量（考量二阶影响和结果的非对称性），但是想对它们做可信的统计处理基本上是痴心妄想。"

长尾风险（long tail risk）更多地关注于事件的延迟效应或长期影响，特别是在责任保险、产品责任险等领域。它指的是那些可能在事件发生很长时间后才显现出来的风险，例如某种产品的缺陷可能在多年后才导致伤害或损害，而责任方可能需要承担赔偿责任。在这种情况下，"长"指的是时间跨度长，意味着从事件发生到责任确认、损害评估和最终索赔可能跨越很长的时间周期，这给保险公司和责任方带来了长期的不确定性。

肥尾风险和长尾风险的区别在于，肥尾风险关注的是事件发生的概率分布特性，尤其是极端事件的发生概率，而长尾风险关注的是事件的影响周期，尤其是那些可能带来长期潜在影响的风险；两者都涉及了风险管理中的不确定性问题。肥尾风险可能导致长尾风险，例如，一次市场崩溃可能引发长期的连锁反应，影响多个行业和市场参与者，造成持续的经济后果。

二、左尾风险与右尾风险

左尾风险（left tail risk）指投资收益分布左侧的极端事件，即低于平均值的异常低收益，这种风险主要关注投资的潜在损失，是投资者和资产管理者最为关注的尾部风险。

右尾风险（right tail risk）指投资收益分布右侧的极端事件，即高于平均值的异常高收益。虽然右尾风险通常被视为是有利的，但在某些情况下，如对冲基金或需要稳定现金流的机构，过高的正向波动也可能带来问题，例如需要满足额外的资本要求或对冲成本。

三、尾部风险的特点

（1）影响的非线性。尾部事件的非线性影响体现在虽然它们发生的概率低，但一旦发生其影响则较大，会产生超出正常波动预期的损失或收益，主要的逻辑在于市场参与者在极端情况下可能采取非理性行动，导致市场价格剧烈波动。

（2）不可预测性。尾部事件通常是不可预测的，它们可能由多种复杂因素触发，包括但不限于宏观经济事件、地缘政治危机、技术突破、市场情绪的突然变化等。这种不确定性使得尾部风险难以量化和管理。

（3）系统性影响。尾部事件不仅会对个别资产或市场造成影响，它们还可能引发连锁反应，影响整个金融体系的稳定性。例如，2008年全球金融危机就是一系列复杂事件导致的系统性次级贷款风险累积的尾部风险的体现。

（4）心理和社会效应。尾部事件的发生往往伴随着恐慌情绪的蔓延，这种情绪可以加剧市场波动，形成自我强化的恶性循环。此外社会层面的反应，如政府干预或公众行为的改变，也可能放大或延长事件的影响。

四、投资实战中预防尾部风险的工具

在金融市场中，尾部风险的预防被广泛应用于各种投资实践中，风险管理工具和技术包括但不限于：

（1）在险价值（VaR）与条件在险价值（C-VaR）。VaR 是一种衡量在给定时间内投资组合可能遭受最大损失的统计方法，而 C-VaR 则是在 VaR 基础上考虑了极端损失的平均值，更精确地反映尾部风险，类似于贝叶斯法则里涉及的条件概率。

（2）压力测试。模拟市场出现极端变动的条件下投资组合的表现，帮助识别潜在的脆弱点和风险敞口。

五、尾部风险在多资产投资实战中的体现

1. 股票市场的尾部风险

股票市场的尾部风险可能源于宏观经济事件、公司特定事件或全球性危机。全球性危机，如 2008 年全球金融危机，雷曼兄弟破产引发连锁反应导致全球股市暴跌，许多投资者遭受了前所未有的损失。特定公司事件，如 2010 年的墨西哥湾石油泄漏事件，对 BP 公司的股价造成了灾难性的影响。

2. 债券市场的尾部风险

债券市场同样面临尾部风险，尤其是利率风险和信用风险。利率风险方面，2010 年年初的希腊债务危机引发了欧元区的动荡，导致多个欧元区国家主权债券价格暴跌，引发整个欧元区债务危机；2023 年美国多次加息后国债收益率快速上行，导致部分负债错配的中小银行倒闭。信用风险方面，高负债的企业在经济衰退时期可能会违约，导致债券持有人蒙受损失，如 2001 年安然公司由于财务造假导致的破产事件使很多债券持有人蒙受了损失。

3. 大宗商品市场的尾部风险

大宗商品市场的尾部风险通常涉及供应中断或需求剧变。地缘政治冲突，如中东战争导致石油供给受阻、俄乌冲突导致天然气供应突然减少，引起价格剧烈波动。粮食市场方面，极端天气事件，如干旱或洪水严重影响农作物产量，导致粮食价格飙升。

4. 房地产市场的尾部风险

房地产市场的尾部风险包括房地产泡沫破裂，如美国 2006 年至 2009 年的房地产市场崩盘，导致大量房产价值缩水，贷款违约率上升导致美国发生次贷危机，最终影响全球资产价格剧烈波动。此外，房地产市场的尾部风险还包括如地震、飓风等自然灾害破坏大量房地产，导致物业价值剧烈波动。

5. 加密货币市场的尾部风险

加密货币因其高度波动性和缺乏监管，尾部风险尤其显著。市场崩溃方面，如 2022 年年初的加密货币市场大幅回调，许多投资者因过度杠杆化而遭受重大损失。安全漏洞方面，加密货币交易所或钱包遭到黑客攻击，导致用户资金被盗。

第二节　全球宏观投资尾部风险案例

全球宏观对冲基金因其广泛的市场覆盖和复杂的交易策略而面临独特的尾部风险挑战。尾部风险是指那些有极低发生概率但潜在影响巨大的事件，如市场崩盘、极端自然灾害、政治危机等，这些事件可能对投资组合造成较大的损失。

以下是一些全球宏观对冲基金控制尾部风险的案例分析：不凋之花顾问公司是一家专注于能源市场的对冲基金，在2006年因天然气期货交易上的巨额亏损而倒闭，其失败部分归咎于未能正确评估市场反转的尾部风险，这案例强调了对冲基金需要更加重视极端市场条件下的风险管理，尤其是当市场流动性减少时；长期资本管理公司（LTCM）在1998年俄罗斯债务违约事件中遭受重创，其高杠杆策略放大了尾部风险的影响，虽然由诺贝尔经济学奖得主管理，但LTCM未能预见市场发生极端波动的可能性，最终为了避免系统性金融风险，美联储介入协调市场救助计划；桥水基金是全球最大对冲基金之一，以其独特的"全天候"策略闻名，该策略旨在通过多元化和风险平价原则来抵御市场中的尾部风险，通过持续的市场监控和严格的回测，桥水基金能够调整其投资组合，以应对不同经济环境下的潜在冲击；乔治·索罗斯的量子基金以其对全球经济和政治事件的深刻洞察而著称，索罗斯成功预测并利用1992年的英镑危机，展示了对冲基金如何利用宏观趋势来对冲尾部风险，然而这也显示了对冲基金有能力放大金融市场中的不稳定因素。

一、不凋之花顾问公司天然气价格尾部风险案例分析

本案例拟探讨不凋之花顾问公司（Amaranth Advisors LLC）的尾部风险控制失败案例，尤其是它在2006年天然气期货交易中遭遇的灾难性亏损。

公司背景：不凋之花顾问公司成立于2001年，由老虎基金（tiger

management）前合伙人尼尔·巴克斯代尔（Neil Barsky）创立。该公司位于美国康涅狄格州的格林威治，是一家专注于全球宏观策略的对冲基金，主要涉及股票、债券、商品和货币等多个市场领域。

关键人物：布赖恩·亨特（Brian Hunter），不凋之花顾问公司的能源交易部门领导人。亨特是一位加拿大籍交易员，他在加入不凋之花顾问公司之前曾在加拿大皇家银行和加拿大帝国商业银行工作。亨特以其对能源市场的深刻理解和精准的交易策略而闻名，尤其在天然气市场方面。

交易策略与市场预测：2005年至2006年间，亨特认为天然气市场存在结构性的供需不平衡，预计价格将大幅上涨。他基于历史数据和市场分析，预测2006年冬天将会非常寒冷，从而推高天然气需求，导致价格飙升。基于这一预测，亨特建立了巨大的多头头寸，下注天然气价格将在短期内上涨。

尾部风险的显现：然而，亨特的预测并未成为现实。2006年冬天，美国经历了异常温暖的天气，这减少了对天然气的需求，导致天然气价格意外下跌。与此同时，市场上的投机者开始大量抛售天然气期货合约，进一步推动价格下滑，亨特的多头头寸因此蒙受了巨大损失。

风险管理失效：不凋之花顾问公司在风险管理上存在严重缺陷。尽管亨特的交易规模巨大，但不凋之花顾问公司的风险管理团队未能有效地识别和控制这种级别的市场风险。此外，公司没有实施适当的风险限制和止损机制，使得亨特能够继续持有亏损的头寸，期待市场反转。

流动性危机与追加保证金：随着天然气价格持续下跌，不凋之花顾问公司面临着巨大的追加保证金需求，这意味着它需要提供更多资金或抵押品来支持其交易头寸。然而，由于亏损严重，不凋之花顾问公司缺乏足够的流动性来满足这些要求，这加速了其财务状况的恶化。

清算与后果：不凋之花顾问公司的亏损迅速扩大，最终导致了其崩溃。2006 年 9 月，不凋之花顾问公司宣布停止运营，并开始清算其资产。据报道，不凋之花顾问公司在天然气期货上的亏损总额达到了约 65 亿美元，占其总资产的一半以上。这一事件不仅对不凋之花顾问公司本身造成了毁灭性打击，还对整个对冲基金行业产生了深远影响，促使监管机构和投资者重新审视对冲基金的风险管理和监管框架。

后续影响与教训：不凋之花顾问公司的倒闭引起了全球金融市场的广泛关注，促使对冲基金行业重新评估其风险管理实践。此次事件凸显了对冲基金在处理尾部风险时面临的挑战，以及在极端市场条件下维持流动性和风险控制的重要性。风险管理方面，对冲基金必须建立更强大的风险管理系统，包括对单个交易员的头寸进行限制，以及设定严格的止损点；透明度与监督方面，要加强内部审计和外部监管，确保对冲基金的交易活动得到充分的监督和审查；市场预测的不确定性方面，即使是最有经验的交易员也无法完全准确预测市场行为，对冲基金应保持谦逊，对市场保持敬畏之心，并准备应对未预料到的市场波动。

二、LTCM 汇率尾部风险案例分析

LTCM 的案例是一个复杂且多层次的故事，涉及金融工程、风险管理、市场心理以及宏观经济环境，案例分析需要从多方面来进行，下面是对 LTCM 案例的详尽分析。

成立与背景： LTCM 成立于 1994 年，由约翰·梅里韦瑟（John Meriwether）领导，他曾是所罗门兄弟公司的债券交易主管。LTCM 的团队包括两位诺贝尔经济学奖得主——罗伯特·默顿（Robert C. Merton）和迈伦·斯科尔斯（Myron Scholes），以及美联储前副主席大卫·马林斯（David Mullins），这样权威的团队构成让 LTCM 一开始就吸引了大量的关注和资金。

交易策略： LTCM 的核心策略是利用数学模型和量化分析寻找市场中被错误定价的证券，特别是固定收益证券，如政府债券、企业债券和衍生产品。LTCM 运用所谓的收敛交易（convergence trading），即假设市场上的股票价格最终会回归到它们的内在价值，以此进行套利。具体来说，LTCM 会购买被认为低估的证券，同时卖空被认为高估的证券，等待价格差收敛时获利。

高杠杆操作： 为了最大化收益，LTCM 使用了极高的财务杠杆，这意味着 LTCM 借入大量资金来增加其交易规模。据估计，LTCM 在 1998 年的债务与权益比率高达 30∶1，实际可能更高，这种杠杆操作在市场平稳时可以带来惊人的收益，但在市场动荡时则可能迅速放大亏损。

1998 年市场事件： 1998 年，一系列全球金融市场事件开始影响 LTCM 的策略。首先是亚洲金融危机，随后是俄罗斯政府的债务违约。这些事件导致全球市场流动性收紧，投资者纷纷撤出风险资产转而寻求更安全的投资，如美国国债。这种行为导致 LTCM 持有的许多高风险资产价格暴跌，而其卖空的证券价格飙升，造成巨额亏损。

尾部风险与市场流动性： LTCM 的模型和策略没有充分考虑到所谓的尾部风险，即低概率但高影响的市场事件。当市场流动性枯竭时，LTCM 无法迅速平仓或筹措更多资金来满足追加保证金的要求。由于其巨大的头寸规模和高杠杆，LTCM 的亏损迅速扩大，形成了螺旋式下降的恶性循环。

救援与清算：1998 年 9 月，LTCM 的财务状况岌岌可危，其资产净值急剧缩水，面临破产的风险。为了避免 LTCM 的倒闭引发系统性金融风险，美联储介入并组织了由多家大型银行组成的财团，提供紧急贷款以稳定 LTCM 的财务状况。尽管得到了救援，LTCM 的业务仍然无法恢复，最终被清算，其剩余资产被折价出售。

教训与影响：从尾部风险的角度分析 LTCM 的教训，可以从以下三个方面进行总结：一是数据与模型；二是杠杆与流动性；三是风险管理与监管政策。

模型的局限性：LTCM 依赖于复杂的数学模型来指导其交易策略。这些模型基于历史数据，假设市场行为遵循统计规律。然而，它们未能充分考虑到历史上未曾发生或极其罕见的市场事件。LTCM 的模型在正常市场条件下表现良好，但在 1998 年全球金融危机期间，市场行为偏离了模型的结果导致了灾难性的后果。

过度依赖历史数据：LTCM 的模型高度依赖历史数据来预测未来市场行为。然而，历史数据可能不足以涵盖所有可能的市场情况，尤其是那些极端且罕见的事件。当市场经历前所未有的压力时，历史数据的预测能力大大减弱，尾部风险事件的发生可能导致模型失效。

杠杆的双刃剑效应：LTCM 使用了高杠杆来放大其投资策略的收益。虽然在市场稳定时这可以带来显著的收益，但高杠杆同样放大了尾部风险事件的影响。当市场流动性枯竭时，LTCM 无法迅速调整其头寸，导致了巨额亏损。

流动性风险的重要性：流动性风险是尾部风险的一个关键组成部

分。LTCM 在市场压力下发现很难平仓或调整其头寸，因为买家在市场中变得稀缺。流动性紧缩加剧了 LTCM 的财务困境，使其无法筹集资金满足追加保证金的要求。

风险管理的全面性：LTCM 的案例强调了风险管理的全面性和动态性。风险管理不应仅限于日常市场波动，还应包括对极端市场事件的准备。这要求金融机构建立更为复杂的风险评估体系，包括压力测试和情景分析，以评估在尾部风险事件下的表现。

监管的角色：LTCM 的危机揭示了金融监管在预防系统性风险中的重要性。监管机构应当密切监控金融机构的活动，特别是那些使用高杠杆和复杂金融工具的机构，以防止其潜在的市场稳定性威胁。

结论：LTCM 的案例是一部关于尾部风险管理的生动教材，它强调了金融模型的局限性、历史数据的不足、高杠杆的潜在危险、流动性风险的重要性、风险管理的全面性、监管的角色以及市场心理对金融决策的影响。这些教训对金融机构、监管机构以及金融市场参与者都具有深远的意义，提醒他们要时刻警惕尾部风险，建立更加稳健的风险管理体系。LTCM 的崩溃对全球金融市场产生了深远的影响，促使监管机构和金融机构重新审视风险管理策略和市场操作规范。这一事件也成为金融工程和对冲基金行业历史上的一个重要转折点，强调了理论与实践之间的差距，以及市场风险的不可预测性。

三、价值投资的尾部风险案例分析

在行业颠覆与技术变革导致的传统能源尾部风险中，有通用电气公司（General Electric Company，GE）、诺基亚面临智能化等案例。本案例探讨 GE 作为价值投资尾部风险的案例分析。20 世纪 90 年代至 21 世纪初，GE 是全球最受尊敬的公司之一，以其多元化业务、强大的品牌和优秀的财务表现著称。该公司在杰克·韦尔奇的领导下，成为华尔街的宠儿，其股票被视为"蓝筹股"的典范，适合长期价值投资者持有。

1. 尾部风险的具体体现

GE 的主要业务部门之一是能源，尤其是电力生产和发电设备。然而，随着 21 世纪初可再生能源（如风能和太阳能）的崛起，传统能源行业开始面临结构性变化。GE 对传统能源业务的过度依赖使其在可再生能源技术快速发展面前显得迟钝，公司未能及时调整战略适应新的能源市场，导致这部分业务的收入和利润出现下滑。

（1）债务危机与财务结构带来的尾部风险。GE 金融部门在 2008 年全球金融危机中遭受重创。该部门积累了大量不良资产，债务负担沉重，高杠杆率和复杂的金融产品在市场压力下暴露了巨大的信贷风险。GE 的债务危机不仅影响了其信用评级，还导致了融资成本的上升，加剧了整个集团的财务困境。

（2）管理决策失误与战略调整带来的公司治理尾部风险。在杰克·韦尔奇退休后，GE 经历了几任 CEO，每位领导者都有不同的战略方向，从追求多元化到专注于核心业务，再到剥离非核心资产。管理层频繁更换和战略摇摆不定导致了公司长期规划的不确定性，削弱了公司稳定性，降低了投资者信心，市场对 GE 的未来前景持怀疑态度。

（3）市场情绪与流动性风险带来的金融市场尾部风险。随着负面消息的累积，如业绩预警、债务问题和业务重组，GE 的股价开始下跌，市场对公司的看法转向负面。在市场压力下，GE 股票的流动性下降，股价进一步受挫。即使对于长期持有者而言，也面临着账面价值的大幅缩水，以及在市场流动性紧缩时难以迅速调整投资组合的挑战。

2. 深层分析

深入分析 GE 的案例，我们将结合具体数据和财务表现，来探讨尾部风险如何影响一家曾经辉煌的公司，并从中提炼出对价值投资者的重要教训。

（1）行业颠覆与技术变革。20 世纪 90 年代末至 21 世纪 10 年代初，随着可再生能源的兴起，GE 的能源部门面临了前所未有的挑战。2018 年 GE 的电力业务亏损超过 20 亿美元，而 2017 年该部门的订单量同比下降了 45%，这反映了传统燃煤发电设备需求的急剧下降，以及公司在向可再生能源转型方面的相对滞后。尾部风险体现在未能及时适应行业变化，导致传统业务板块的盈利能力和市场地位严重受损。

（2）债务危机与财务结构。2008 年金融危机期间，GE 金融部门的债务总额达到约 6000 亿美元，占集团总债务的大部分。在危机后的几年里 GE 金融部门的资产规模从 2008 年的峰值 1.2 万亿美元缩减到 2018 年的约 3000 亿美元。此外 GE 的信用评级在 2018 年被下调至 A2 级，这是自 1956 年以来的首次下调。尾部风险体现在高杠杆率和复杂的金融操作在市场压力下暴露出了巨大的信贷风险，严重影响了公司的财务灵活性和市场信誉。

（3）管理决策失误与战略调整。自 2001 年杰克·韦尔奇退休后，GE 在 17 年内经历了 4 位 CEO。2017 年 GE 宣布将裁员数千人，关闭多个工厂，并重新评估其业务组合。2018年公司宣布计划将其石油和天然气业务与贝克休斯合并，并剥离其运输部门。尾部风险体现在频繁的战略调整和管理层变更导致公司战略方向的不确定性，影响了市场信心和员工士气。

（4）市场情绪与流动性风险。GE的股价从2016年年初的约30美元跌至2018年年底的个位数，跌幅超过70%。2018年10月GE股价单日跌幅超过11%，创下自2008年金融危机以来的最大单日跌幅。尾部风险体现在市场对GE未来前景的负面情绪导致股价大幅下跌，减少了公司的市值和股东财富。

3. 投资启示录：从GE兴衰看价值投资中的尾部风险

在商业历史的长河中，没有哪一家企业能够逃脱时代的洗礼，即便是那些曾经傲立于产业巅峰的巨人。已故的哈佛商学院教授克莱顿·M.克里斯坦森（Clayton M. Christensen）以其对企业创新的研究和理论贡献而闻名，尤其是在破坏性创新（disruptive innovation）方面。破坏性创新是指那些最初被认为低端或不足以为主流市场接受的新技术和产品，但最终能够颠覆现有市场格局的技术变革。这句话可以从两个维度理解：一个维度是真实的商业世界，在商业生产过程中面临的技术迭代和企业管理的风险；另一个维度是在商业投资过程中面临的市场价值的下降，本节对应的是价值投资的尾部风险。GE曾被誉为"美国工业皇冠上的明珠"，在21世纪的前20年间，经历了一段从辉煌到挑战的旅程，其过程充满了深刻的教训，特别是对于那些奉行价值投资理念的投资者。GE的故事不仅是一堂生动的行业变迁课程，更是对各类尾部风险管理的一次教训。

4. 深入剖析：GE 的转折与挑战

GE 的转折点出现在 21 世纪初，全球能源市场的结构性变化悄然拉开序幕。随着可再生能源技术的迅猛发展，尤其是风能和太阳能的普及，传统能源行业面临前所未有的挑战。然而 GE 作为能源领域的巨擘，却未能迅速适应这一市场趋势，导致其能源部门的收入和利润出现显著下滑。同时 GE 金融部门作为集团的金融分支，由于在 2008 年全球金融危机中积累了大量不良资产和债务，成为集团财务健康的沉重负担，进一步加剧了公司的困境。

教训一：行业洞察与适应性——预见与应对市场变化。GE 的案例首先揭示了一个基本真理，无论企业多么成熟或者成功，行业环境的变化都可能带来颠覆性的影响。我们作为投资者必须具备前瞻性的行业洞察力，能够预见并迅速适应市场趋势和潜在的颠覆性变化。对于投资者而言，这意味着必须定期进行深入的行业分析，紧跟技术进步、政策变动和消费者行为的变化，以评估这些因素对公司长期价值的潜在影响，只有这样才能在行业变迁的大潮中把握投资方向。

教训二：财务健康的重要性——稳健的财务基础是抵御风险的基石。GE 的财务困境提醒我们，一个企业的财务健康状况是其抵御市场风暴的首要防线。高杠杆率和复杂的财务结构在市场压力下极其脆弱，它们可能使公司的财务状况迅速恶化，进而影响其市场信誉和投资价值。投资者在评估投资目标时，必须重视财务报表的深度分析，特别关注债务水平、流动性和偿债能力，避免投资财务结构过于复杂或杠杆率过高的公司。稳健的财务基础是企业长期发展的保障，也是投资者选择标的时不可或缺的考量因素。

教训三：管理层与战略的稳定性——领导力与战略执行的决定性作用。GE 的管理层变动和战略方向的不一致削弱了公司的稳定性，影响了市场信心和内部运营的连贯性。这提示投资者，考察公司的领导层稳定性，了解其战略规划的一致性和执行力，是确保公司有能力应对市场挑战并实现长期增长目标的关键。频繁的管理层更迭和战略摇摆不仅会消耗公司的资源，也会打击员工的士气和外部投资者的信心。投资者应当关注那些拥有稳定管理层和清晰战略方向的公司，这样的公司往往能够更好地抵御外界的不确定性，实现持续的增长。

教训四：市场情绪与流动性风险——市场波动的双刃剑。GE 股价的大幅波动展示了市场情绪和流动性风险对投资者的影响。在市场压力下，即使公司的基本面未发生实质性的变化，股价也可能因为投资者情绪的波动而出现剧烈波动。构建多元化的投资组合，以分散特定的市场风险或行业风险，同时保持一定的现金储备，以应对可能的市场流动性危机，是投资者必须采取的策略。此外，保持冷静、避免盲目跟风、学会独立分析和判断，是投资者在市场动荡中保持理性、避免过度反应的关键。

教训五：风险管理与长期视角平衡——构建全面的风险管理体系。在追求长期价值的同时，建立有效的风险管理机制，以应对突发的市场事件和公司特定风险，是保护投资组合免受极端事件冲击的关键。设置止损点，定期重新评估投资组合，根据市场条件和公司基本面的变化适时调整策略，体现了价值投资者的智慧。投资者应当构建全面的风险管理体系，包括但不限于压力测试、情景分析和应急计划，以减轻极端事件的影响。在风险管理与追求长期收益之间找到平衡，是每一位投资者的必修课。

5. 结论

GE 的故事不仅仅是对过去的一次回顾，更是对未来的一种警示。通过 GE 的案例，价值投资者可以学到，即使是对行业巨头的投资，也不能忽视尾部风险的存在。有效的风险管理策略和对市场动态的敏锐洞察是保护投资组合免受极端事件冲击的关键。在进行投资决策时，深入分析、审慎评估和灵活应对市场变化是必不可少的。通过对 GE 的案例分析，我们看到了尾部风险如何在多个层面上影响一家公司，以及价值投资者如何在面对此类风险时做出明智的决策。

四、债券投资的尾部风险案例分析

1. 背景与市场环境

在 2020 年至 2021 年，美联储实施了非常宽松的货币政策，包括降息和量化宽松，导致市场利率处于历史低位。这促使硅谷银行吸收了大量低成本存款，主要来自科技和生物技术领域的初创企业。为了利用这些存款，硅谷银行将其投资于长期的美国国债和抵押贷款支持证券（MBS），这些债券当时提供相对较低但稳定的收益。

2. 尾部风险的积累

硅谷银行（SVB）将其吸收的大量存款投资于长期的美国国债和抵押贷款支持证券（MBS）。这些长期债券在利率较低的环境中提供了稳定的收益，但存在明显的期限错配风险。存款通常是短期的，而债券投资则是长期的。这意味着，如果存款人突然需要提取资金，而市场利率在此期间上升，银行可能会被迫在不利的市场条件下出售长期债券，以满足流动性需求，这将导致资本损失。长期债券资产和短期负债存款的期限错配产生了大量的尾部风险。

（1）利率风险的积累。2022年年初，随着美国经济显示出复苏迹象，通货膨胀压力加大，美联储开始改变其货币政策立场，逐步提高联邦基金利率。利率的上升导致SVB持有的长期债券价格大幅下跌，SVB持有的债券价值下降，账面出现大量的浮亏。随着利率的上升，SVB需要支付更高的利息来吸引和保留存款，而其资产端的收益并未同步增加，因为大量资产已被锁定在较低的长期利率上，这挤压了银行的净利息收入，影响了其盈利能力。

（2）流动性风险的积累。SVB的客户群体在市场条件变化时表现出高度敏感性。当美联储开始加息，市场环境变得更具有挑战性，SVB的许多科技和生物技术客户开始面临资金链紧张的问题。这些客户开始大量提取存款，以应对自身的现金需求，从而引发了存款挤兑问题。SVB没有足够的流动性来应对这种挤兑，加剧了它面临的困境。

3. 尾部风险的触发

（1）债券收益率环境的急剧变化。2020年以来为了应对经济增速下滑，美联储实施了极端宽松的货币政策，将利率降至接近零的水平。这导致了SVB吸收了大量的低成本存款，尤其是来自科技公司和初创公司的存款。触发点在2022年年初，随着美国经济的复苏和通胀压力的上升，美联储开始逆转其宽松政策，逐步提高利率。利率的快速上升对SVB的资产配置产生了巨大冲击，因为其大量投资于长期的美国国债和抵押贷款支持证券，这些资产的价值随利率上升而下降。

（2）客户行为的变化。SVB的主要客户群体在面对市场不确定性时，开始大量提取存款，尤其是当美联储开始加息，市场预期转向不利时。这种挤兑行为加剧了 SVB 的流动性问题，因为它需要迅速变现资产来满足客户的提款需求，而这在市场利率上升的环境下是非常困难的。

（3）社交媒体和市场恐慌。信息传播方面，社交媒体平台上的信息传播速度和范围使得市场恐慌情绪迅速扩散，导致了更多客户担心 SVB 的财务状况，进而加速了存款的提取；信任危机方面，一旦市场对 SVB 的金融系统健康状况产生怀疑，这种信任危机迅速放大了尾部风险，即使是原本稳健的金融机构也可能因市场恐慌而陷入困境。

4. 尾部风险导致的结果与影响

（1）SVB 倒闭。SVB 倒闭后监管开始介入，由于 SVB 无法解决其流动性问题，美国加利福尼亚州金融保护和创新部在 2023 年 3 月关闭了该银行，并由美国联邦存款保险公司（FDIC）接管，也因此触发了存款保险生效，虽然 FDIC 为存款提供保险，但超出保险覆盖范围的存款面临不确定性和潜在的损失，这对 SVB 的大型企业和高净值客户产生了直接的财务影响。

（2）对全球金融市场的影响方面。SVB 的倒闭引发了全球金融市场的动荡，尤其是对那些业务模式与 SVB 类似的银行和金融机构。股票市场、债券市场和信贷市场都经历了显著的波动；同时，市场参与者对金融系统的健康状况产生了质疑，导致信贷条件收紧，银行和其他贷款机构可能提高贷款标准，信贷出现收缩，银行减少了放贷，影响实体经济的融资成本和可获得性。

（3）对监管政策和市场规则的反思。监管改革方面，SVB 的倒闭促使监管机构和政策制定者重新审视银行监管框架，特别是对流动性管理和风险敞口的规定，以防止未来出现类似事件；市场透明度与沟通方面，美国监管后续强调金融机构与市场之间的沟通透明度，以及如何在市场压力下保持有效的信息流通，避免不必要的恐慌和挤兑。

（4）对科技和初创企业生态的影响。一是融资渠道受限，SVB长期以来一直是科技和初创企业的重要融资来源，其倒闭可能导致这些企业在短期内面临融资难题，影响项目进展和创新活动；二是信任重建受影响，科技企业及其投资者需要时间来评估新的金融合作伙伴，重建对金融服务行业的信心，这可能会影响整个生态系统的发展速度。

第三节 规避尾部风险的五大核心策略

有效管理尾部风险需要综合运用多种策略，包括多元化投资、动态资产配置、定期风险评估、使用衍生品进行对冲以及建立应急基金等。重要的是投资者和资产管理者应当认识到，尽管不可能完全消除尾部风险，但通过合理的规划和风险管理，可以显著降低其对投资组合的负面影响，下文将详细探索规避尾部风险的五大核心策略。

一、多元化投资：分散风险的艺术

多元化投资是风险管理中最基本也是最有效的策略之一。其背后的逻辑简单明了：不要将所有的鸡蛋放在一个篮子里。通过将资金分散投资于不同资产类别（如股票、债券、商品、房地产等）、不同地域、不同行业，甚至不同时间周期内，可以显著降低投资组合对单一资产或市场事件的敏感度。当某一资产类别或市场遭遇不利冲击时，其他资产类别可能表现出色，从而在一定程度上抵消损失，稳定整体投资组合的表现。

跨资产类别分散的理解：在股票、债券、商品、房地产、另类投资（如私募股权、对冲基金）等多个资产类别之间均衡配置资金，以利用各类资产在不同市场环境下表现的互补性。债券通常在股市下跌时表现较好，例如我国股市与债券市场的跷跷板效应，而商品价格可能在通胀预期上升时受益。

跨地域分散的理解：在全球范围内分散投资，涵盖发达市场和新兴市场，以分散地域性风险。不同国家和地区的经济周期和政策环境存在差异，这有助于降低整体投资组合的波动性。

跨行业分散的理解：避免过度集中于某一行业，以减少行业特定事件对投资组合的影响。例如，科技行业可能在技术革新时繁荣，而在监管收紧时受到冲击，因此应确保投资组合覆盖多个行业，以实现平衡。

跨时间周期分散的理解：考虑到不同资产在不同经济阶段的表现，投资者应根据经济周期的不同阶段调整投资组合，以捕捉周期性机会并规避周期性风险。

二、衍生品对冲：灵活应变的金融工具

如何构建对冲组合？结合多种衍生品，基于市场预期和风险偏好，根据现有投资组合的情况构建一个综合的对冲组合，以达到最佳的风险管理效果。例如，可以结合期权和期货合约，创建一个既限制损失又保留部分上涨潜力的策略。

衍生品，如期权、期货和互换合约，为投资者提供了一种灵活的风险管理手段。通过合理的衍生品运用，投资者可以在不直接持有基础资产的情况下，对冲特定资产或市场风险。买入看跌期权可以为资产提供"保险"，在资产价格下跌时锁定最低出售价格；卖出看涨期权则可以获取额外收益，但需要承担在价格上涨时交付资产的风险。期货和互换合约则可用于对冲特定资产类别的价格变动风险，如利率互换可以对冲利率风险。

使用期权合约的逻辑：买入看跌期权的逻辑，为持有的资产提供保护，即使市场价格下跌，投资者仍能以约定价格卖出，限制了潜在的损失。这一策略适用于对市场前景不确定的情况，可以作为短期保险；卖出看涨期权的逻辑，通过卖出看涨期权获得权利金，作为额外的收入来源，但需要承担在市场价格上涨时以约定价格卖出资产的义务。此策略适合于投资者认为市场价格短期内不太可能大幅上涨的情况。

使用期货合约的逻辑：通过期货市场对冲现货市场的风险，如商品期货可以对冲原材料价格波动的风险，外汇期货可以对冲汇率变动风险，国债期货对冲债券收益率快速上行的风险。

利率互换和货币互换的逻辑：利率互换可以将固定利率负债转换为浮动利率负债，反之亦然，以对冲利率风险；货币互换则可以对冲不同货币之间的汇率风险及利率风险。

三、动态再平衡：维持风险与收益的平衡

随着时间的推移，各资产的表现差异会导致初始的资产配置失衡，这可能增加投资组合的总体风险。动态再平衡是一种主动管理策略，

通过定期调整投资组合，使其回归至预定的资产配置目标，从而维持风险与收益的平衡。当某一资产类别表现优异时，适当减持以避免过度集中；反之，当某资产类别表现不佳时，则适当增持，利用价格处于低位的买入机会。

可以从以下几方面来分析：一是定期审查与调整的逻辑，设定一个固定的频率（如每季度或每半年一次）进行投资组合审查，或当资产配置偏离目标配置达到一定阈值时（如 ±5%），进行再平衡操作，以确保投资组合的风险与收益特征符合初始设定；二是阈值触发机制的逻辑，目前资产再投资过程中一般会设定一个合理的偏离阈值或者止损限额，当任何单一资产或资产类别的权重超过这个阈值时，立即进行调整，以防止投资组合风险过度集中，该逻辑类似于风险平衡；三是成本效益分析的逻辑，在再平衡决策中考虑交易成本和税务影响，确保调整带来的预期收益大于成本，避免频繁交易导致的效率损失；四是市场时机选择的逻辑，尽量避免在市场极端波动或流动性较差的时期进行大规模交易，以减少市场影响和交易成本。

四、风险预算：精细化管理风险敞口

风险预算作为一种先进的风险管理方法，它不仅关注资产配置还注重对投资组合中每个组成部分风险的精细管理。通过为每个资产类别设定最大风险敞口，确保不会过度依赖任何单一资产或策略，这种方法有助于防止任一资产类别的异常波动对整个投资组合造成不成比例的影响。

精细化管理风险敞口有以下几个逻辑支撑：一是风险权重分配的

逻辑，投资者可以为每个资产类别设定风险权重，确保任何单一资产或策略的风险敞口不超过投资组合总风险的一定比例，以避免过度依赖任何单一资产或市场；二是风险收益监控的逻辑，投资者可以持续监控每个资产对投资组合总的风险收益，确保不会因为某个资产表现不佳而使整个组合的风险显著增加，若出现风险收益偏离原有的设定，则需要及时调整配置以保持风险平衡；三是动态调整风险预算的逻辑，投资者可以根据市场环境和投资目标的变化，适时调整风险预算，以反映最新的风险偏好和市场状况；四是风险量化工具的逻辑，投资者可以运用风险价值（VaR）、条件风险价值（C-VaR）等量化工具，准确评估和管理投资组合的风险，确保风险控制在可接受的范围内。

五、情景分析与压力测试：未雨绸缪，防患未然

情景分析与压力测试是评估投资组合在极端市场条件下表现的重要工具。通过模拟各种不利的市场情景，如金融危机、高通胀环境、利率突然变化等，投资者可以评估投资组合的脆弱性，识别潜在的风险点，并据此制定应对策略。这不仅有助于理解在市场压力下投资组合的潜在损失，还能促使投资者在实际危机发生前做好充分准备。

构建压力情景的逻辑：基于历史数据和理论假设构建一系列可能的市场压力情景，包括但不限于全球金融危机、高通胀环境、利率突然变化、地缘政治冲突等，以评估投资组合在极端条件下的表现。

制订应急计划的逻辑：基于情景分析的结果制订具体的应急计划，包括但不限于调整资产配置、增加流动资产储备、执行期权对冲策略等，以降低潜在的损失。

持续更新与演练的逻辑：随着市场环境的变化定期更新压力测试情景，并组织应急计划的演练，确保在真正的市场压力下能够迅速有效地响应，减少损失并尽可能抓住机遇。

小结来看，通过上述策略的综合运用，投资者可以构建一个既能抵御市场极端波动又能捕捉市场机遇的多资产组合，重要的是所有策略的实施都应基于个人或机构的具体目标、风险承受能力和市场条件，适时调整以达到最佳的风险管理效果。控制多资产组合中某一类资产大跌的尾部风险，需要投资者采用一系列综合策略，包括多元化投资、衍生品对冲、动态再平衡、风险预算以及情景分析与压力测试。但这些策略并非孤立存在，而是相辅相成的，共同构成了抵御市场极端波动的坚固防线。通过精心规划和适时调整，投资者可以显著提高投资组合的抗风险能力，即使在市场风暴中也能保持稳健前行。

第十八章

投资绩效评估

> 现代金融理论受到巴菲特杰出业绩表现的威胁，但这个理论固执的支持者们对巴菲特的成功做出了各种奇怪的解释。
> ——《巴菲特致股东的信》

传统的基金评价主要是评价基金在过去一段时间的收益、风险，或者是对两者的综合判断。在早期的基金绩效评价研究中，人们对风险的认识还不够充分，对证券投资基金绩效的评价仅仅是集中在对收益情况进行分析，并没有对基金获得收益所承受的风险进行测量。这是一种不能全面真实反映基金绩效情况的评价方法，但因其计算简单，含义明确，容易理解，至今仍被许多投资者所使用。这一方法主要由基金单位净值、基金累计单位净值以及基金净值增长率等衡量指标所组成。随着对基金绩效评价研究的不断深入，我们作为投资者也逐渐注意到风险对基金绩效的影响，基金风险的计量主要是标准差与贝塔系数两种指标，无论学术还是投资，都有大量的研究者开始从基金的风险角度来衡量基金的绩效。

第一节　绩效评估的指标与方法

一、传统风险调节指数评价指标

在投资组合理论、CAPM 模型提出后，现代投资理论得到迅速发展。大量研究表明，风险因素在决定投资组合的表现上具有基础性的作用，那么如果在基金绩效的衡量上仅仅以收益率的大小来判断基金绩效的好坏就会失之偏颇，其中最著名的三大指数是特雷诺指数、夏普指数和詹森指数，这三大指数也是 CFA 考试和投资组合管理实践中最常用的三个指数。特雷诺指数是超额收益与市场风险之比，以单位系统风险溢价作为基金绩效评估指标；与特雷诺指数相比，夏普指数加入了对非系统性风险的考虑，反映了超额收益与总风险的比率；詹森指数以 CAPM 为基础，以风险调整后的超额收益率评价基金业绩的标准，称为詹森系数（Jensen's alpha）。

二、其他风险调节收益评价指标

建立在 CAPM 模型之上的三大经典风险调整收益指标为有效衡量基金的绩效提供了重要的途径。在此基础上，基于对风险的不同计量或调整方式的不同,其他一些风险调整方法也相继被提出并在实践中得到广泛的应用。

1. 信息比率

信息比率以马科维茨的均值-方差模型为基础,其计算公式如下:

$$\text{IR} = \frac{\bar{D}_\text{P}}{\sigma_\text{D}}$$

其中,$D_\text{P} = R_\text{P} - R_\text{m}$,它表示基金组合与市场基准组合的差异收益率,$\bar{D}_\text{P}$ 表示差异收益率的均值;σ_D 表示差异收益率的标准差,通常被称为跟踪误差,反映积极管理的风险。罗纳德·J.瑞安(Ronald J.Ryan)认为,差异收益率的标准差可以对组合在实现投资者真实投资目标方向的相对风险做出衡量,因此是一个更有效的风险计量方法。信息比率越大,说明基金经理单位跟踪误差所获得的超额收益越高。

2. M2 测度

尽管可以根据夏普测度的大小对组合绩效的优劣加以排序,但夏普测度本身的数值却难以解释。为此诺贝尔经济学奖获得者弗兰科·莫迪利亚尼(Franco Modigliani)与其孙女莉娅·莫迪利亚尼(Leah Modigliani)提出了一个赋予夏普测度以数值化解释的指标,这一"改进的夏普指数"就是目前被人们称为 M2 测度的指标。计算公式如下:

$$\text{M2} = \bar{R}'_\text{P} - \bar{R}_\text{m} = S_\text{P}\sigma_\text{m} + R_\text{f} - \bar{R}_\text{m} = \frac{\sigma_\text{m}}{\sigma_\text{P}}(\bar{R}_\text{P} - \bar{R}_\text{f}) - \bar{R}_\text{m} + R_\text{f}$$

其中,M2 表示 M2 测度,S_P 代表夏普比率 $\bar{R}_\text{P}$、$\bar{R}'_\text{P}$ 分别表示组合 P 在 σ_P 和 σ_m 水平下的平均收益率,σ_P 和 σ_m 分别表示基金 P 和市场 M 的标准差。

这一方法的基本思想是：对于任何一个基金投资组合而言，其风险度量指标为收益的方差，对于市场指数也是如此。由于方差具有线性可加性，所以可以将基金投资组合与一定比例的无风险证券组合起来，使新组合的风险（方差）等于市场组合的风险（方差），然后利用上述比例求出新组合的收益率，再求出该收益率与市场组合收益率的差额，即表示原基金组合的业绩水平。

3. 索提诺比率

索提诺比率是由弗兰克·索提诺（Frank Sortino）在20世纪80年代初提出的一个风险调整收益指标，可用下式表示：

$$SR = \frac{\bar{R}_p - R_{\min}}{DD}$$

其中，$\bar{R}_p$ 表示组合的平均收益率，$R_{\min}$ 表示最低可接受收益率，$DD = \sqrt{\frac{1}{N}\sum_{t=1}^{T}L_t^2}$。当 $\bar{R}_p - R_{\min} > 0$ 时，$L_t = \bar{R}_p - R_{\min}$；当 $\bar{R}_p - R_{\min} < 0$ 时，$L_t = 0$。

索提诺比率在计算上采取了与夏普测度相同的方法，只是在对风险的衡量上用的是下方标准差。索提诺认为只有收益率低于最低可接受收益率才能被看作风险，因此他认为用下方标准差衡量风险更有意义。由于这种有关风险的概念与投资者对风险的感受较为一致，因此在实践中的应用也越来越广泛。

三、基金选股和择时能力评价指标

基金收益包括两个部分：一部分是股票选择产生的收益，另一部分就是市场择时带来的收益。詹森系数虽然直观地表达了基金经理的综合绩效表现，但它无法区分基金经理的选股能力与择时能力。传统的基金选股择时能力是在资本资产定价模型的基础上加入反映基金选股、择时能力的相关项，通过这些项回归系数的符号及其参数检验的结果来对基金的选股、择时能力进行判断和评价。

1. T-M 二项式模型

1966 年，特雷诺（Treynor）和玛泽（Mazuy）在回归方程中引入一个二次项来描述基金经理的择时能力，简称"T-M 模型"。该模型的原理为：如果基金管理人能够准确预测市场走势，那么在市场上涨时不断提高组合的 β 值，因此资产组合的特征线不再是固定斜率的直线，而是一条斜率随市场状况改变的二次曲线。T-M 二次项模型的形式为：

$$R_p - R_f = \alpha + \beta_i \times (R_m - R_f) + \gamma_i \times (R_m - R_f)^2 + \varepsilon_i$$

其中，α 是考察期内基金的选股能力指标，β_i 是考察期内基金面临的系统性风险，γ_i 是考察期内基金的择时能力指标，ε_i 是模型的随机误差项。

当 $\alpha > 0$ 时，表明基金经理具备选股能力。γ_i 为择时指标，如果基金经理不具备择时能力，则该回归直线是一条固定斜率的直线，如果 $\gamma_i > 0$，说明基金经理具备择时能力，当市场处于牛市时，基金经理将提高投资组合的风险水平以获得高收益，当市场处于熊市时，基金经理将降低投资组合的风险水平以避免资产组合暴露在过高的风险中。

2. H-M 二项式模型

H-M 二项式模型（又称为"双 β 模型"）是由亨里克松（Henriksson）

和默顿（Merton）于1981年提出的，在H-M模型中引入了一个虚拟变量与市场组合超额收益的互动项替代T-M模型中的二次项。该模型可根据市场状况做出不同的变形，特征线的变化反映出基金经理成功预测到市场的变化，并使资金在市场组合资产与无风险收益资产之间合理配置的能力。通过在一般回归方程中加入一个虚拟变量来对基金经理的选股择时能力进行估计，所得公式为：

$$R_p - R_f = \alpha + \beta_1 \times (R_m - R_f) + \beta_2 \times (R_m - R_f) \times D + \varepsilon_i$$

其中，D是虚拟变量。当市场处于上升时，$D=1$；当市场处于下降时，$D=0$。

基金的β值在市场上升时为$\beta_1 + \beta_2$，在市场下降时为β_1，因此，这种方法又被称为"双β模型"。通过实证检验，如果基金的$\beta_2 > 0$，则说明该基金的基金经理具有择时能力。

3. C-L模型

1984年，昌（Chang）和卢埃林（Lewellen）对H-M二项式模型进行改进，提出了C-L二项式模型，其目的都是更准确地度量基金经理依据对市场的把握实现资金在股票、债券和货币市场工具三大类资产间合理配置的能力。该模型表达式为：

$$R_p - R_f = \alpha_i + \beta_1 \times \min(0, (R_m - R_f)) + \beta_2 \times \max(0, (R_m - R_f)) + \varepsilon_i$$

当β_1和β_2显著不为零且$\beta_2 > \beta_1$时，说明基金在市场基准组合收益高于无风险收益时保持较大的β_2值来提高收益，在市场基准组合收益低于无风险收益时保持较小的β_1值从而减少损失，即表明基金经理有择时能力。

四、基金绩效持续性评价指标

基金绩效的持续性是指在一段样本期间内,基金的绩效表现是否稳定,是否具备前后的连贯性,其本质为考察基金历史绩效是否能够对基金未来绩效有一定程度的揭示作用。因此,基金绩效是否具有持续性是评价基金经理投资水平的关键指标。于是,基金绩效持续性研究就成为基金绩效评价体系中的一个重要组成部分。

1. 横截面回归法

1992年,格林布拉特(Grinblatt)和蒂特曼(Titman)将研究样本期平分为两个子样本期,通过检验基金后期绩效对前期绩效的回归斜率系数是否显著来进行绩效持续性判断,这种方法即为横截面回归法。其回归方程如下:

$$R_2 = \alpha + b \times R_1 + \varepsilon$$

其中,R_1是基金在考察期的绩效,R_2是基金在持续期的绩效。

如果斜率系数b的t统计量具有统计显著性,说明考察期基金与持续期绩效相关,若斜率系数b显著为正,则表明基金绩效具有持续性,相反则表明基金绩效出现逆转。

2. 交叉积比率法

交叉积比率法(cross product ratio, CPR)是由布朗(Brown)和格茨曼(Goetzman)(1995)提出的,它的主要思想是:首先将待评价基金的样本期间均分为前后两阶段,然后分别计算各基金前后两阶段的净值增长率,并将其与市场基准的增长率进行比较,这样就可以将其状态分为盈利(W)状态和亏损(L)状态,从而基金前后两阶段的状态变化就可以表示为 WW、WL、LL、LW 四种情况。其中，WW 表示前后两阶段均盈利；LL 表示前后两阶段均亏损；WL 表示前一阶段盈利，后一阶段亏损；LW 表示前一阶段亏损，后一阶段盈利。若多只基金总体绩效具有持续性，那么 WW 和 LL 出现的概率要比 WL 和 LW 的大。用 WW、WL、LW、LL 分别表示四个状态变化的基金个数，可得统计量 CPR：

$$\mathrm{CPR} = \frac{\mathrm{WW} \times \mathrm{LL}}{\mathrm{WL} \times \mathrm{LW}}$$

若 CPR 值通过统计上的 Z 检验，CPR 值越显著大于 1 则表明基金绩效具有持续性，相反，若 CPR 值小于 1 则表明基金绩效缺乏持续性。

五、非参数模型数据包络分析

非参数模型数据包络分析（data envelopment analysis，DEA）作为基金绩效评价的方法近些年有一定的发展。DEA 由美国数学家沙尔纳（Charnes）和库珀（Cooper）于 1978 年提出，其核心是通过线性规划技术求解多投入与多产出之间的效率关系。在基金绩效评价领域，DEA 通过构建生产前沿面，为每个基金（决策单元）自动生成最优权重，计算其在既定投入下实现产出的最大效率值。该方法通过横向比较同类基金投入产出效率的帕累托最优解，可精准识别基金的相对有效性——效率值越接近 1 的基金，表明其资源利用效率在同类产品中越突出。普马昌拉（Premachandra）等应用两阶段的数据包络分析模型评价基金绩效，他们的主要贡献在于将基金的种类考虑进去，如投资风格等。数据包络分析模型可以考虑多种因素，如投资者的偏好。这一模型从投入和产出的角度进行分析，能够克服用定价模型作为基金绩效评价模型的一些缺点，但在评价基准选择方面依然具有主观性且不能辨别出基金管理人的投资行为。

第二节　基准比较与归因分析

业绩归因模型发展最早可以追溯到 1972 年法玛提出将超额收益率分解为两部分，一部分是在给定风险水平下的择券带来的收益，另一部分是市场价格波动（系统性风险）带来的收益。也是同一年，英国投资分析师协会（Society of Investment Analysts，SIA）首次提出了选择和配置、名义资产组合的概念，业绩归因模型出现两大分支，即基于持仓的业绩归因（后发展为基于持仓和交易的业绩归因模型）和基于收益率的业绩归因（Fama 超额收益分解模型就属于此类）。

一、基于收益率的业绩归因

法玛和弗伦奇认为基金获得的超额收益主要来源于基金经理的宏观和微观预测能力。宏观预测能力是择时能力，预测股票价格市场整体走势。微观预测能力是选股能力，分析个股，尤其是找到价值被低估的股票。基金绩效评价也因此从基金的选股能力评价和择时能力评价两方面展开。这些模型都是建立在马科维茨的投资组合理论和夏普的资本资产定价模型的基础上，通过比较风险和收益来评价基金的绩效。当风险足够分散时，投资组合只剩下系统性风险会影响收益，因此学者们把这个模型称为单因子模型。显然这种模型受到很多挑战，投资者在购买股票时不仅要测度它们的风险，还有其他目标，如市盈率、成交量等。为弥补这一缺陷，罗斯（Ross）首次提出额外风险因素模型，即套利定价模型（APT）。这一模型能够处理多个因子，认为基金的收益受多种因素影响，如通胀、GDP等，因此有多个风险补偿。这个模型弥补了资本资产定价模型的单因子缺点，更能反映实际经济状况。法玛和弗伦奇借鉴这一思想，构建了三因子模型（市场因子、规模因子、价值因子），并为了提升模型解释力度于2013年提出五因子模型（增加盈利因子、投资因子）。卡哈特（Carhart）在三因子模型中加入了动量因子构建出四因子模型，以评价基金绩效的持续性。学者把这些模型作为基金绩效评价模型，但是本质上这些模型都是定价模型，使用这些定价模型评价的基金绩效经常会产生偏差，评价结论不稳定。

二、基于持仓的业绩归因

1986年布林森（Brinson）、霍德（Hood）和毕鲍尔（Beebower）提出一种基于Brinson模型的超额收益拆分方案（简称"BHB方案"），该模型将基金组合实际收益超出市场基准收益的超额收益部分分解为资产配置收益（allocation return，AR）、个股选择收益（selection return，SR）以及二者交互收益（interaction return，IR）三部分。

1. 单期Brinson模型

假设基金经理在某一段时间内保持组合权重不变且组合没有现金流入和流出。设w_i^P和w_i^B分别表示基金组合与基准组合中第i项资产的权重，r_i^P 和 r_i^B 分别表示基金组合和基准组合中第 i 项资产的收益率，那么基金组合和基准组合的收益率分别为：

$$R^P = \sum_{i=1}^{I} w_i^P r_i^P$$

$$R^B = \sum_{i=1}^{I} w_i^B r_i^B$$

进一步对基金组合的超额收益进行分解。一方面，基金经理给各类资产赋予不同于基准组合的权重，由此产生的资产增值即为资产配置收益，如果用 R^A 表示改变了权重的组合的实际收益率，那么资产配置收益表达式如下：

$$AR = R^A - R^B = \sum_{i=1}^{I}(w_i^P - w_i^B) r_i^B$$

另一方面，与资产配置收益的定义方法类似，仍然维持基准组合配置权重不变，但对相应权重下的特定资产进行调整，用 R^S 表示调整了资产选择的基金组合的实际收益率，从而个股选择收益表达式如下：

$$SR = R^S - R^B = \sum_{i=1}^{I}(r_i^P - r_i^B) w_i^B$$

而超额收益（$R^P - R^B$）减去配置收益 AR 与个股选择收益 SR 后的剩余收益，称为交互收益 IR，反映了配置与选择的协同效益：

$$R^P - R^B = AR + SR + IR$$

从而 $IR = R^P - R^B - AR - SR = \sum_{i=1}^{I}(r_i^P - r_i^B)(w_i^P - w_i^B)$

另外，绩效评价者还可以根据自身需要对超额收益进行重新划分，比如可以将交互收益也归到个股选择收益中去。

布林森（Brinson）和法奇乐（Fachler）在 1985 年提出过一个与 BHB 方案不同的收益分解方案，简称为 BF 方案。BF 方案中没有包含

BHB 方案中的交互收益，而是把交互收益并入到个股选择收益当中，因此 BF 方案仅有配置收益和个股选择收益。

BF 方案引入了基准组合的收益率：

$$AR = \sum_{i=1}^{I}(w_i^P - w_i^B)(r_i^B - R^B)$$

如果用 SR_{BHB} 和 IR_{BHB} 来表示 BHB 方案下的个股选择收益和交互收益，那么 BF 方案下的个股选择收益 SR 为二者之和：

$$\begin{aligned} SR &= SR_{BHB} + IR_{BHB} \\ &= \sum_{i=1}^{I}(r_i^P - r_i^B)w_i^B + \sum_{i=1}^{I}(r_i^P - r_i^B)(w_i^P - w_i^B) \\ &= \sum_{i=1}^{I}(r_i^P - r_i^B)w_i^P \end{aligned}$$

2. 多期 Brinson 模型

一般来讲，除非是投资于固定收益资产，否则投资者的持仓是在反复变化的，各期不同资产的配置权重都会有所调整，不同类别资产的收益率也处于不断波动之中。因此需要将单期 Brinson 模型推广为多期 Brinson 模型。考虑到货币的时间价值，投资组合多期的总超额收益不等于各期超额收益的简单加总，需要进行适当的缩放。此时，基准组合及基金组合的累计收益如下：

$$R^B = \prod_{t=1}^{T}(1 + r_i^B) - 1$$

$$R^P = \prod_{t=1}^{T}(1 + r_i^P) - 1$$

多期的累计超额收益不等于每期超额收益之和，即

$$R^P - R^B \neq \sum_{i=1}^{I}(r_i^P - r_i^B)$$

三、债券类基金的业绩归因模型

固定收益类业绩归因模型逐步发展完善,瓦格纳(Wagner)和蒂托(Tito)(1997)提出用久期代替 B 系数的 Fama 超额收益率分解模型,Wagner-Tito 模型将债券组合的收益率简单地分解为久期配置能力和个券选择能力。该模型的主要问题是分解结果较为简单,对债券超额收益的来源仅考虑了久期因素,但确实是后续更为复杂的债券类基金归因模型的基础。万·布罗伊克伦(Van Breukelen)(2000)将 Brinson 模型思想应用于固定收益组合归因,从自上而下投资决策的角度提出加权久期归因模型,该方法对 Brinson 系列模型进行了风险调整后的进一步完善,并将久期作为系统风险的度量。而固定收益业绩归因模型最经典的还是坎皮西(Campisi)(2000)等人提出的基于不同因子分解的债券业绩归因模型。Campisi 模型基于上述两个模型,充分考虑影响债券收益的因素,将债券基金的收益率分解为票息收益部分和价格收益部分,其中价格收益部分主要由利率波动引起,可进一步分解为国债利率变化效应(久期配置)以及信用利差变化效应(券种配置与个债配置)。

第三节 固收类基金业绩归因案例分析

一、风险因子模型

对于债券组合而言,可以将其收益来源拆分成票息收入和价格变动两个核心成分。价格变动中由国债收益率曲线变化而带来收益,一般考虑收益率曲线的平移（平行）变化和曲线斜率的变化，前者以久期因子（duration）衡量，后者以期限因子（term）衡量；而由超越国债的风险溢价变化所带来的收益，主要考虑信用风险，并将其进一步拆分为信用因子（credit）和违约因子（default），前者表征中高等级信用债相较利率债的溢价变化，后者表征低评级信用债相较中高等级信用债的溢价变化。此外，还额外纳入权益因子（equity）或转债因子（convert），以度量权益资产的收益贡献。因此，建立风险因子净值回归模型（五因子模型）如下：

$$r_p = \alpha + \beta_{duration}X_{duration} + \beta_{term}X_{term} + \beta_{credit}X_{credit} + \beta_{default}X_{default} + \beta_{equity}X_{equity} + \varepsilon$$

中金公司研究部的研究表明，从拟合优度来看，五因子模型对多数固收类基金具有相对较好的解释力，尤其对于短债基金和中长债基金而言，全局 R^2 在 0.8 附近，而一级债基、二级债基和偏债混基则在 0.6 附近[⊖]。

二、择时因子模型

基金的超额收益来源通常被拆分为市场择时能力和证券选择能力两个维度，而对于同时投资于股票和债券的基金而言，T-M 模型又在后续发展中得到了进一步的拓展。把债券资产也纳入考量，得到了适用于"固收+"基金的择时因子模型：

$$R_p - R_f = \alpha + \beta_1 \times (R_{sm} - R_f) + \beta_2 \times (R_{sm} - R_f)^2 + \beta_3 \times (R_{bm} - R_f) + \beta_4 \times (R_{bm} - R_f)^2 + \beta_5 \times (R_{sm} - R_f) \times (R_{bm} - R_f) + \varepsilon_i$$

⊖ 参考中金公司研究部报告。

其中，R_{sm} 代表股票市场收益率，R_{bm} 代表债券市场收益率；β_2 反映了基金对股票市场的择时能力，β_4 反映了基金对债券市场的择时能力，β_5 表征股票市场与债券市场的收益交互项，同样地，α 反映了基金的择股能力。

同理，对于纯债基金而言，将 T-M 模型中的股票市场收益率替换为债券市场收益率，如下述公式所示：

$$R_P - R_f = \alpha + \beta_1 \times (R_{bm} - R_f) + \beta_2 \times (R_{bm} - R_f)^2 + \varepsilon_i$$

若基金的 α 显著为正，则表明该纯债基金具有较好的择券能力；若基金的 β_2 显著为正，则表明该纯债基金的市场择时能力相对突出。

将短债基金与中长债基金带入债券 T-M 模型，将二级债基与偏债混基带入两因素 T-M 模型，得到的回归模型拟合优度相对较好。中金公司研究部以近两年为研究期间，发现中长债基、二级债基及偏债混基的调整后 R^2 中枢在 0.6 附近，而短债基金则在 0.5 附近。

第四节　长期与短期绩效的平衡

作为投资经理，平衡长期和短期绩效需要综合运用多种策略和方法，例如投资经理应制定明确的投资策略，将长期战略性资产配置与短期战术性资产配置相结合。长期策略关注长期增长潜力和资产的内在价值，长期绩效评估需要考虑资产组合的长期收益特征、风险调整后的表现，以及经济周期和结构性变化对投资组合的影响。长期绩效评估应当使用更为稳健的统计方法，同时还可以利用滚动回归方法，计算投资经理在不同时间窗口内的资产配置效应和超额收益，分析长期资产配置策略的有效性和持续性。

而短期投资策略侧重于市场情绪、技术分析和市场时机的捕捉，追求在短期内快速的市场收益。短期绩效评估可能受到市场波动、短期事件和投资者情绪的较大影响。短期绩效评估需要快速反应基金在市场短期波动中的表现，采用更高频次的数据和短期波动模型，例如月度或季度收益率分析，评估基金在短期内的实际表现，反映市场的瞬时反应和投资者行为；以及通过情景分析与压力测试，模拟不同市场情景和极端条件，评估基金在短期市场压力下的应对能力和表现。

投资经理还应设定多层次的投资目标，包括长期的资本增值和短期的收益目标，明确的目标设定有助于指导具体的投资决策。投资经理应该在长期坚持基金投资目标的稳健性，不应过分看重短期利益而采用降低基金目标长期一致性的短视策略。过分看重短期利益很可能会削弱他们的择时能力，从而不利于长期绩效的提升。投资者根据投资经理的择时能力选择基金产品时，对高风险的成长型基金应持谨慎态度，因为投资目标的不稳定性将使投资风险进一步加剧，从而导致投资收益的不确定性。

第五节　绩效评估的误区与改进

我们对投资的绩效评估容易走入几个误区：第一个误区是考核周期、涨跌区间通常按照年度或更短的时间框架进行评估；第二个误区是忽视非线性关系和结构性变化；第三个误区是忽视行为金融的因素；第四个误区是忽视流动性和市场冲击成本；第五个误区是忽视高阶矩和尾部风险。

1. 考核周期、涨跌区间通常按照年度或更短的时间框架进行评估

考核周期、涨跌区间通常按照年度或更短的时间框架进行评估，这种方法虽然直观且易于操作，但在某些情况下可能会忽略掉市场累积的长期趋势和深层次的动态变化，年度考核甚至更短的周期具有众多的局限性。

（1）考核周期的短期视角。年度或季度的考核周期往往侧重于近期表现，这可能使决策者过于关注短期波动，而忽视了长期趋势。例如，在股票市场中，某一年份的大幅下跌可能掩盖了过去五年的整体上涨趋势，反之亦然。

（2）市场自身具有周期性。市场具有周期性特征，短期内的涨跌可能只是市场周期的一部分。仅凭一年的表现难以准确判断市场的健康状况或未来的走势。例如，经济衰退期间的市场下跌可能是暂时的，随后可能迎来强劲反弹，但如果仅看单一年份的数据，则可能得出悲观的结论。

（3）考核周期过短忽略了市场或者资产的复利效应。长期投资的一个重要原则是复利效应。即使年度收益率不高，但如果持续时间足够长，累积的收益也会非常可观。年度考核可能忽略了这一长期积累的效果。

（4）考核周期过短忽视了市场情绪与行为偏差。短期市场表现可能受到投资者情绪、突发事件等因素的影响，而这些因素往往不具备预测价值。年度考核可能过分强调这些短期波动，导致对市场的真实状况产生误解。

（5）考虑长期趋势具有很大的必要性。长期观察市场可以帮助投资者识别出真正的趋势，而非短期的噪声。这对于制定基于数据的投

资策略至关重要，基于长期趋势的分析，投资者和企业可以做出更为稳健的战略调整，而不是因短期波动而频繁改变方向。此外，理解市场长期动态有助于更好地管理风险，如果一个行业在过去十年中经历了稳定的增长，那么在进行投资决策时，可能会给予更多的权重。长期视角有助于识别那些短期内不明显但长期具有潜力的机会，即识别真实的机会，例如，新兴市场或创新技术在初期可能表现平平，但从长远来看，它们可能会成为推动经济增长的主要动力。

从小结来看，虽然年度或季度的考核周期提供了便于比较和分析的标准化框架，但它们不应成为评估市场表现和制定策略的唯一依据。投资者和决策者应结合长期数据和趋势，采用更全面的视角来理解和预测市场动态，这样才能做出更为明智的决策。

2. 忽视非线性关系和结构性变化

传统的基金绩效评估模型如 CAPM 和法玛－弗伦奇三因素模型，假设市场收益与基金收益之间的关系是线性的，且这种关系在整个评估期间内保持稳定。这种线性假设过于简单，无法捕捉金融市场中复杂的动态变化。实际市场中存在大量非线性关系和结构性变化，如市场波动性变化、经济周期的影响、政策调整等，这些因素都会影响基金的收益表现。

因此可以采用更复杂的非线性模型和考虑结构性变化的方法，广义自回归条件异方差（GARCH）模型是捕捉金融时间序列波动性的经典工具，它能有效处理收益率的异方差性，提供更准确的波动性预测。在 GARCH 模型的基础上，还可以引入 EGARCH 和 GJR-GARCH 等扩展模型，以捕捉波动性的非对称效应。

此外，机器学习算法如随机森林和支持向量机（SVM）也逐渐被应用于金融领域。它们无须假设线性关系，能够处理复杂的非线性关系和高维数据，从而提供更全面的绩效评估。

3. 忽视行为金融的因素

传统基金绩效评估模型多基于有效市场假说，假定投资者是理性的，市场价格能够迅速反映所有可用信息。然而，行为金融学的研究表明，投资者行为往往非理性，易受心理偏差和情绪影响，导致市场存在系统性的非理性现象，如过度反应、动量效应和反转效应。这些行为偏差在传统评估模型中通常被忽视，从而影响评估的准确性。

为了更准确地评估基金绩效，可以将行为金融因素纳入评估框架。一是引入行为金融因子，例如可以加入动量因子和反转因子，分别捕捉市场中的动量效应和反转效应。动量效应是指股票价格在短期内表现出持续上涨或下跌的趋势，而反转效应则是长期来看价格会向其均值回归。二是行为金融模型的应用，采用如BSV模型和DHS模型，这些模型专门用于分析行为金融现象对市场价格的影响。BSV模型解释了由于投资者对信息的过度反应和反应不足所导致的价格波动，而DHS模型则关注投资者自信和认知偏差对市场的影响。三是引入情绪指标，如投资者情绪指数、新闻情绪指数和社交媒体情绪指数，可以用于捕捉市场的整体情绪状态。这些指标可以作为额外的风险因子，帮助评估基金在不同情绪状态下的表现。例如，研究发现高情绪状态下，市场更容易出现泡沫和过度反应，基金的风险调整后收益可能因此受到影响。

4. 忽视流动性和市场冲击成本

传统的基金绩效评估方法通常假设交易能够以市场报价顺利执行，而不考虑流动性风险和市场冲击成本。这种假设在现实市场中往往不成立，尤其是在交易量较大的情况下，基金买卖大量股票时会对市场价格产生显著影响，增加交易成本。忽视这些因素会导致评估结果过于乐观，低估基金的实际操作难度和风险。

5. 忽视高阶矩和尾部风险

传统的基金绩效评估方法通常依赖于平均收益和标准差（或方差）来衡量风险和收益，然而，这些方法忽视了收益分布的高阶矩（如偏度和峰度）以及尾部风险（如极端事件的发生概率）。忽视这些因素会导致对基金风险的低估，尤其在金融市场中尾部风险事件（如金融危机）发生频率较高的情况下，传统方法可能无法准确评估基金的真实风险水平。

因此可以引入考虑高阶矩和尾部风险的评估方法。一是 omega 比率，omega 比率是一个基于收益分布的全面风险收益评估指标，它考虑了整个收益分布，特别是正收益和负收益的不同风险偏好。omega 比率通过比较收益超过某个门槛值的概率与低于该门槛值的概率，提供了一个更为全面的风险收益衡量标准。该比率能够捕捉偏度和峰度等高阶矩对投资组合表现的影响。二是条件在险价值（CVaR），条件在险价值是对 VaR 的改进。VaR 仅关注收益分布的特定分位点，而 CVaR 则考虑了超过 VaR 水平的平均损失，提供了对极端事件的更全面评估。CVaR 能够更准确地量化尾部风险，有助于基金管理者在风险控制中考虑极端损失的潜在影响。三是高阶矩风险因子，在多因子模型中引入偏度和峰度等高阶矩风险因子,这些因子能够捕捉收益分布中非对称性和尖峰特性对基金表现的影响,尤其是尾部风险,通过对高阶矩因子的回归分析可以更全面地评估基金在不同市场条件下的风险特征。四是极值理论,极值理论专门用于分析极端事件的统计特性,可以估计基金收益分布尾部的行为特征,有助于基金管理者在风险评估中考虑极端事件的可能性。五是尾部风险指标,如风险敏感和熵度量等。

结　　语

随着本书的缓缓合卷，感谢你们陪我们一起走过了一段充满挑战与启迪的多资产多策略投资之旅。在 2025 年的今天，当我们站在传统工业时代和人工智能时代的交汇点上，回望过往，我们觉得一切都近在眼前但又感觉过去了很久，展望未来觉得捉摸不定但又感觉当下有迹可循，而我们所处的二级投资领域更甚，投资中的每一天、每一段时间好像都是这么过来的。在这样的复杂心情下，我们在之前《固定收益投资备忘录：来自买方的视角》的基础上，试图对资产和策略进行迭代，从而构思写作本书，我们不仅想有一套应对当前市场的战术手册，更希望能够形成一套面向未来的投资哲学。

一、解构确定性的迷思，构建生态型投资组合

当我们翻开 20 世纪的投资经典，总能看到各种追求确定性的理论模型。从资本资产定价模型到法玛-弗伦奇三因子模型，传统金融学始终在寻找市场运行的确定性规律。但 2008 年全球金融危机犹如一记重锤，将这种确定性幻象击得粉碎。在美联储的紧急救市操作中，在

负利率债券的疯狂抢购潮里，在 Game Stop^㊀散户大战华尔街的荒诞剧里，我们看到的是传统理论框架的集体失效。

传统资产配置理论往往将投资组合视为精密的机械装置，试图通过均值-方差优化寻找"最优解"。但当我们引入另类资产、跨境资产、数字资产等新物种，当因子投资、风险平价、Smart Beta^㊁等新策略不断涌现，这种机械论思维已显得捉襟见肘。是的，在机械时代再精巧的机械结构，到了智能时代都显得有点笨拙。最新的生态金融学研究显示，顶级投资机构的组合构建正在呈现显著的生态系统特征：既有股票债券这类"生产者"，也有衍生品这样的"分解者"，还有跨市场套利策略扮演"能量流动"角色。

量子物理中的"叠加态""薛定谔的猫"概念为我们提供了新的认知维度。现代金融市场更像是一个量子化的存在：资产价格既不是完全有效也不是完全无效，市场参与者既是理性经济人也是情绪动物，基本面分析与技术分析既相互矛盾又互为补充。这种本质的不确定性，要求我们必须建立多维度观测体系——就像量子物理学家通过不同实验装置观测微观粒子的波粒二象性，成熟投资者也需要通过多资产、多策略的"观测矩阵"来捕捉市场的真实面貌。

二、智慧的积淀：多资产多策略投资的核心理念

从本书的开篇开始，我们便试图确立多资产多策略投资的核心理念——在全球化、信息化的金融市场中，通过合理配置不同类型的资

㊀ 一家美国电子游戏及娱乐软件零售商。

㊁ Smart Beta 是一种介于传统市值加权指数（beta）和主动管理（alpha）之间的投资策略，通过系统性规则（非市值加权）选股，旨在取得特定风险溢价或跑赢市场。

产和运用多样化的投资策略，实现风险的有效分散与收益的最大化。这一理念是对传统单一资产或策略投资模式的超越，它要求我们具备宽广的视野、深厚的金融知识以及灵活应对市场价格变化的能力。

多资产配置的精髓不是"不把所有的鸡蛋放在一个篮子里"，而是我们试图在一个农场里养不同的家禽以适应不同的季节，保证在季节变换、天气变化的一年四季都有收获。股票、债券、商品、房地产、投资基金、外汇、衍生品……每一种资产类别都有其独特的收益与风险特征，它们在不同的经济周期和市场环境下表现出不同的相关性。通过科学的资产配置，我们可以在保持整体风险可控的同时，捕捉到更多元化的投资机会，实现投资组合的稳健增值。

而多策略的运用，则是进一步提升了投资的灵活性和适应性。无论是基于基本面分析的价值投资，还是利用量化模型进行的高频交易；无论是宏观经济趋势下的对冲策略，还是特定市场环境下的套利操作，每一种策略都有其适用的场景和条件。通过策略的组合与切换，我们能够更好地适应市场的变化，把握不同市场阶段的机遇。

三、实战的磨砺：驾驭策略生命周期，从线性执行到动态进化

在本书的策略实战篇中，我们深入探讨了多资产多策略投资的具体实施路径。从策略的构建到优化，从风险管理到绩效评估，希望每一个环节都能有助于我们的投资组合。

策略构建作为投资的起点，它要求我们深入理解各类资产和市场的运行规律，准确把握投资策略的核心逻辑。无论是股票投资中的基本面选股、技术分析，还是债券投资中的久期管理、信用评估，或是

量化交易中的模型构建、参数优化，每一步都需要严谨的分析和精确的计算。

然而，策略的有效性并非一成不变。市场环境的变化、资产价格的波动、投资者情绪的起伏……这些因素都可能影响策略的表现。因此，策略的优化与调整成为投资过程中不可或缺的一环。我们需要通过定期的回测分析、风险控制指标的监测以及市场趋势的研判，及时调整策略的参数和配置，确保投资组合始终保持在最佳状态。

风险管理是多资产多策略投资中不可忽视的重要方面。它要求我们不仅要有完善的风险识别体系，还要有有效的风险控制措施。通过建立风险预算、设置止损止盈点、采用对冲策略等手段，我们可以将风险控制在可承受的范围内，确保投资的长期稳健性。

四、面向未来的投资范式革命：在数字原野上重构投资认知

站在 2025 年年初这个国内人工智能大模型大爆发的时间节点上，我们面临着更加复杂多变的国内外经济环境和金融市场。经济逆全球化的深入发展、机器人和人工智能大模型的日新月异、地缘政治风险的频发……这些因素都对多资产多策略投资提出了新的挑战和机遇。

当 OpenAI 的最新模型可以实时解析美联储议息会议的语言风格变化，量子计算机开始尝试破解衍生品定价的难题，DeepSeek 开源模型横扫全球各种榜单的时候，我们从事的投资管理也正在经历范式级的革命。传统的基本面分析师可能需要转型为"数据牧羊人"，在数字原野中放牧海量信息；量化研究员则要升级为"算法炼金术士"在深度神经网络的隐空间中探寻金融市场价格的真谛；我们作为投资经理

则需要紧跟科技和世界格局重构的趋势做好投资组合管理的迭代。

在未来，随着我国金融市场在国际上地位的提升，对参与者的要求也会提高，我们也会更加关注全球经济政策的变化，特别是主要经济体的货币政策、财政政策和贸易政策对金融市场的影响。同时，随着数字经济的蓬勃发展，大数据、人工智能、区块链等新技术将深刻改变金融行业的生态格局，数字货币将改变金融资产的计价，我们要紧跟时代步伐，将这些新技术带来的改变转化为思想，融入投资策略中，提升投资的智能化水平和决策效率。

五、投资的哲学：智慧、勇气与坚持

在投资的旅途中，我们不仅要积累知识和经验，还要领悟投资的哲学与人生智慧，智慧需要勇气的加持才能在意识到投资机会的时候进行有效的仓位管理，有勇有谋的同时还需要持续的坚持，保证业绩的持续性和稳定性。多资产多策略投资不仅是对金融市场的探索，而且是对我们投资人员自我内心的审视与提升。

智慧是多资产多策略投资的基石。它要求我们不断学习新知识、新技能，保持对市场的敏锐洞察力和判断力。同时，智慧还意味着我们要有批判性思维，不盲目跟风、不盲目崇拜权威，而是要根据自己的判断和分析做出决策。面对市场的波动和不确定性，我们需要有勇气坚持自己的投资策略和信念，当市场出现极端情况时，我们需要有勇气承担风险、坚持投资原则，不被短期的情绪波动所左右。同时，投资是一场马拉松而非短跑，考验的是我们的耐心、毅力和情绪，这三方面的良好表现体现在业绩的稳定性上。在多资产多策略投资的实践中，我们需要坚持自己的投资理念和策略体系，不断总结经验教训、优化投资组合，实现长期的稳健增值。

六、结语：持续的探索与追求

随着本书的完稿，我们的多资产多策略投资之旅也暂时告一段落。我们深知水平有限，但我们仍然决定将我们的思考总结出来分享，我们深知对投资的探索与追求是永无止境的，我们将继续秉持智慧、勇气与坚持的品质，不断深耕金融市场、优化投资策略、提升投资水平。我们深知，多资产多策略投资并非是一蹴而就的捷径，而是一条充满挑战与机遇的漫长道路。在这条道路上，我们将不断学习、不断实践、不断反思与总结。后续我们会持续精进，探索影响投资者的众多智慧并进行详细的总结。

最后，我们想对每一位读者说："感谢你们花费一杯咖啡的钱买来本书并花费了宝贵的时间阅读。"我们深知多资产多策略投资是一场智慧与勇气的较量，也是一次对自我内心的深度探索。多年后我们重新站在深圳的海边，看着川流不息的轮船，我们更能理解投资的本质：这不是关于预测的游戏，而是关于适应的艺术。当晨光再次照亮深圳 CBD 的金融之巅，愿每位读者都能构建属于自己的"投资生态圈"，在不确定性的海洋中，培育出确定性的投资智慧。这或许就是多资产多策略投资的终极智慧——在动态中保持业绩的稳步上升。

李连山　陈文虎
于深圳

参 考 文 献

前言

[1] 曹实. 多资产投资策略：资产管理的未来 [M]. 李娜，何苗，等译. 北京：北京大学出版社，2020.

[2] 马拉比. 富可敌国：对冲基金与新精英的崛起 [M]. 徐煜，译. 北京：中国人民大学出版社，2011.

[3] 比格斯. 对冲基金风云录 [M]. 张桦，王小青，译. 北京：中信出版社，2010.

[4] 德曼. 宽客人生：从物理学家到数量金融大师的传奇 [M]. 韩冰洁，等译. 北京：机械工业出版社，2015.

[5] 威格斯沃思. 万亿指数 [M]. 银行螺丝钉，译. 北京：中信出版集团，2024.

第一章

[1] 博格. 共同基金常识 [M]. 巴曙松，吴博，等译. 北京：中国人民大学出版社，2011.

[2] 帕拉梅斯. 长期投资：平凡之人缔造不平凡投资之道 [M]. 孔令一，朱淑梅，李子晗，译. 北京：中信出版集团，2020.

[3] 伊凡希娜，勒纳. 耐心的资本：投资的未来与挑战 [M]. 银行螺丝钉，译. 北京：中信出版集团，2021.

[4] 罗闻全，哈桑霍德齐克. 技术分析简史：市场预测方法的前世今生 [M]. 朱振坤，译. 北京：机械工业出版社，2014.

[5] 石川，刘洋溢，连祥斌. 因子投资：方法与实践 [M]. 北京：电子工业出版社，2020.

[6] 罗闻全. 适应性市场 [M]. 何平, 译. 北京: 中信出版集团, 2018.

第二章

[1] 石川, 刘洋溢, 连祥斌. 因子投资: 方法与实践 [M]. 北京: 电子工业出版社, 2020.

[2] 加尤, 希尼, 普拉特. 智能贝塔和因子投资实战 [M]. 宋泽元, 庞加平, 译. 北京: 机械工业出版社, 2023.

[3] 吴晓波. 茅台传 [M]. 北京: 中信出版集团, 2024.

[4] 董宝珍. 价值投资之茅台大博弈 [M]. 北京: 机械工业出版社, 2020.

[5] 肖志刚. 投资有规律: 从商业模式出发 [M]. 北京: 机械工业出版社, 2022.

[6] 张小军, 马玥, 熊玥伽. 这就是茅台: 千亿企业成长逻辑 [M]. 北京: 机械工业出版社, 2021.

第三章

[1] 比格斯. 对冲基金风云录 [M]. 张桦, 王小青, 译. 北京: 中信出版社, 2007.

第四章

[1] 马克斯. 投资最重要的事 [M]. 李莉, 石继志, 译. 北京: 中信出版社, 2012.

第五章

[1] 江恩. 如何从商品期货交易中获利 [M]. 李国平, 译. 北京: 机械工业出版社, 2010.

第六章

[1] 王巍, 等. 超能资本: 高收益债券与杠杆收购 [M]. 北京: 中译出版社, 2024.

第七章

[1] 罗闻全. 适应性市场 [M]. 何平, 译. 北京: 中信出版集团, 2018.

第八章

[1] 大卫. 美元真相 [M]. 鲁冬旭, 译. 北京: 中信出版集团, 2021.

第九章

[1] 莱因哈特, 罗格夫. 这次不一样: 八百年金融危机史 [M]. 綦相, 刘晓锋, 刘

丽娜，译. 北京：机械工业出版社，2020.

[2] 特维德. 金融心理学 [M]. 周为群，译. 北京：中信出版社，2012.

第十一章

[1] 格雷厄姆. 聪明的投资者 [M]. 王中华，黄一义，译. 北京：人民邮电出版社，2010.

第十三章

[1] 李连山，陈文虎. 固定收益投资备忘录：来自买方的视角 [M]. 北京：中国财政经济出版社，2020.

[2] 洛. 比尔·米勒投资之道 [M]. 王冠亚，译. 北京：机械工业出版社，2021.

[3] 特维德. 金融心理学 [M]. 周为群，译. 北京：中信出版社，2012.

[4] 蒙蒂尔. 行为投资学手册：投资者如何避免成为自己最大的敌人 [M]. 王汀汀，译. 北京：中国青年出版社，2017.

[5] 帕拉梅斯. 长期投资：平凡之人缔造的不平凡投资之道 [M]. 孔令一，朱淑梅，李子晗，译. 北京：中信出版集团，2020.

[6] 库哈尔斯基. 胜算 [M]. 谢宜霖，译. 北京：台海出版社，2024.

第十四章

[1] 鲍尔绍拉. 期货交易者资金管理策略 [M]. 肖成，荣军，译. 上海：上海财经大学出版社，2007.

[2] 麦克道尔. 一个交易者的资金管理系统：如何确保利润并避免破产风险 [M]. 张轶，译. 沈阳：万卷出版公司，2009.

第十五章

[1] 达斯特. 资产配置的艺术 [M]. 段娟，史文韬，译. 北京：中国人民大学出版社，2014.

[2] 特维德. 逃不开的经济周期：历史，理论与投资现实 [M]. 董裕平，译. 北京：中信出版社，2012.

[3] 特维德. 逃不开的经济周期 2：趋势、策略与投资机会 [M]. 刘洋波，甘珊珊，译. 北京：中信出版集团，2019.

[4] 马克斯. 周期：投资机会、风险、态度与市场周期 [M]. 刘建位，译. 北京：中信出版集团，2019.

[5] 史文森. 机构投资的创新之路 [M]. 张磊，杨巧智，梁宇峰，等译. 北京：中国人民大学出版社，2010.

[6] 伊尔曼恩. 预期收益：投资者获利指南 [M]. 钱磊，译. 上海：格致出版社，上海人民出版社，2018.

[7] 伊尔曼恩. 预期收益：在不确定市场创造非凡回报 [M]. 朱俊磊，译. 上海：格致出版社，上海人民出版社 2024.

[8] 高善文. 经济运行的逻辑 [M]. 北京：中国人民大学出版社，2014.

[9] 石川，刘洋溢，连祥斌. 因子投资：方法与实践 [M]. 北京：电子工业出版社，2020.

第十六章

[1] 渥克. 灰犀牛：个人、组织如何与风险共舞 [M]. 冯毅，张立莹，译. 北京：中信出版集团，2021.

第十七章

[1] 塔勒布. 肥尾效应：前渐进论、认识论和应用 [M]. 戴国晨，译. 北京：中信出版集团，2022.

[2] 格林沃尔德，卡恩，索金，等. 价值投资：从格雷厄姆到巴菲特的头号投资法则 [M]. 草沐，译. 北京：中国人民大学出版社，2020.

[3] 斯泰尔. 布雷顿森林货币战：美元如何统治世界 [M]. 符荆捷，陈盈，译. 北京：机械工业出版社，2019.

[4] 韦尔奇，拜恩. 杰克·韦尔奇自传 [M]. 曹彦博，孙立明，丁浩，译. 北京：中信出版社，2004.

[5] 韦尔奇 J，韦尔奇 S. 赢 [M]. 余江，玉书，译. 北京：中信出版社，2005.

[6] 伊梅尔特，华莱士. 如坐针毡：我与通用电气的风雨 16 年 [M]. 闾佳，译. 北京：机械工业出版社，2022.

第十八章

[1] 米勒. 巴菲特致股东的信（投资原则篇）[M]. 郝旭奇，译. 北京：中信出版集团，2018.

推荐阅读

宏观金融经典

这次不一样：八百年金融危机史	[美] 卡门·M.莱因哈特（Carmen M. Reinhart） 肯尼斯·S.罗格夫（Kenneth S. Rogoff）
布雷顿森林货币战：美元如何通知世界	[美] 本·斯泰尔（Benn Steil）
套利危机与金融新秩序：利率交易崛起	[美] 蒂姆·李（Tim Lee）等
货币变局：洞悉国际强势货币交替	[美] 巴里·艾肯格林（Barry Eichengreen）等
金融的权力：银行家创造的国际货币格局	[美] 诺美·普林斯(Nomi)
两位经济学家的世纪论战（萨缪尔森与弗里德曼的世纪论战）	[美] 尼古拉斯·韦普肖特（Nicholas Wapshott）
亿万：围剿华尔街大白鲨（对冲之王史蒂芬·科恩）	[美] 茜拉·科尔哈特卡（Sheelah Kolhatkar）
资本全球化：一部国际货币体系史（原书第3版）	[美] 巴里·埃森格林（Barry Eichengreen）
华尔街投行百年史	[美] 查尔斯 R.盖斯特（Charles R. Geisst）

微观估值经典

估值：难点、解决方案及相关案例（达摩达兰估值经典全书）	[美] 阿斯瓦斯·达莫达兰（Aswath Damodaran）
新手学估值：股票投资五步分析法（霍华德马克斯推荐，价值投资第一本书）	[美] 乔舒亚·珀尔（Joshua Pearl）等
巴菲特的估值逻辑：20个投资案例深入复盘	[美] 陆晔飞（Yefei Lu）
估值的艺术：110个解读案例	[美] 尼古拉斯·斯密德林（Nicolas，Schmidlin）
并购估值：构建和衡量非上市公司价值（原书第3版）	[美] 克里斯 M.梅林（Chris M. Mellen） 弗兰克 C.埃文斯（Frank C. Evans）
华尔街证券分析：股票分析与公司估值（原书第2版）	[美] 杰弗里 C.胡克（Jeffrey C.Hooke）
股权估值：原理、方法与案例（原书第3版）	[美] 杰拉尔德 E.平托（Jerald E. Pinto）等
估值技术（从格雷姆到达莫达兰过去50年最被认可的估值技术梳理）	[美] 大卫 T. 拉拉比（David T. Larrabee）等
无形资产估值：发现企业价值洼地	[美] 卡尔 L. 希勒（Carl L. Sheeler）
股权估值综合实践：产业投资、私募股权、上市公司估值实践综合指南（原书第3版）	[美] Z.克里斯托弗·默瑟（Z.Christopher Mercer） 特拉维斯·W. 哈姆斯（Travis W. Harms）
预期投资：未来投资机会分析与估值方法	[美] 迈克尔·J.莫布森(Michael J.Mauboussin) 艾尔弗雷德·拉帕波特(Alfred Rappaport)
投资银行：估值与实践	[德] 简·菲比希（Jan Viebig）等
医疗行业估值	郑华 涂宏钢
医药行业估值	郑华 涂宏钢

债市投资必读

债券投资实战（复盘真实债券投资案例，勾勒中国债市全景）	龙红亮（公众号"债市夜谭"号主）
债券投资实战2：交易策略、投组管理和绩效分析	龙红亮（公众号"债市夜谭"号主）
信用债投资分析与实战（真实的行业透视 实用的打分模型）	刘婕（基金"嘎姐投资日记"创设人）
分析 应对 交易（债市交易技术与心理，笔记哥王健的投资笔记）	王健（基金经理）
美元债投资实战（一本书入门中资美元债，八位知名经济学家推荐）	王龙（大湾区金融协会主席）
固定收益证券分析（CFA考试推荐参考教材）	[美] 芭芭拉 S.佩蒂特（Barbara S.Petitt）等
固定收益证券（固收名家塔克曼经典著作）	[美] 布鲁斯·塔克曼（Bruce Tuckman）等

推荐阅读

A股投资必读	金融专家，券商首席，中国优秀证券分析师团队，金麒麟、新财富等各项分析师评选获得者
亲历与思考：记录中国资本市场30年	聂庆平（证金公司总经理）
策略投资：从方法论到进化论	戴 康 等（广发证券首席策略分析师）
投资核心资产：在股市长牛中实现超额收益	王德伦 等（兴业证券首席策略分析师）
王剑讲银行业	王 剑（国信证券金融业首席分析师）
荀玉根讲策略	荀玉根（海通证券首席经济学家兼首席策略分析师）
吴劲草讲消费业	吴劲草（东吴证券消费零售行业首席分析师）
牛市简史：A股五次大牛市的运行逻辑	王德伦 等（兴业证券首席策略分析师）
长牛：新时代股市运行逻辑	王德伦 等（兴业证券首席策略分析师）
预见未来：双循环与新动能	邵 宇（东方证券首席经济学家）
CFA协会投资系列	全球金融第一考，CFA协会与wiley出版社共同推出，按照考试科目讲解CFA知识体系，考生重要参考书
股权估值：原理、方法与案例（原书第4版）	[美]杰拉尔德 E.平托（Jerald E. Pinto）
国际财务报表分析（原书第4版）	[美]托马斯 R.罗宾逊（Thomas R. Robinson）
量化投资分析（原书第4版）	[美]理查德 A.德弗斯科（Richard A.DeFusco）等
固定收益证券：现代市场工具（原书第4版）	[美]芭芭拉 S.佩蒂特（Barbara S.Petitt）
公司金融：经济学基础与金融建模（原书第3版）	[美]米歇尔 R. 克莱曼（Michelle R. Clayman）
估值技术（从格雷厄姆到达莫达兰过去50年最被认可的估值技术梳理）	[美]大卫 T. 拉拉比（David T. Larrabee）等
私人财富管理	[美]斯蒂芬 M. 霍兰（Stephen M. Horan）
新财富管理	[美]哈罗德·埃文斯基（Harol Evensky）等
投资决策经济学：微观、宏观与国际经济学	[美]克里斯托弗 D.派若斯（Christopher D.Piros）等
投资学	[美]哈罗德·埃文斯基（Harol Evensky）等
金融投资经典	
竞争优势：透视企业护城河	[美]布鲁斯·格林沃尔德（Bruce Greenwald）
漫步华尔街	[美]伯顿·G.马尔基尔（Burton G. Malkiel）
行为金融与投资心理学	[美]约翰 R. 诺夫辛格（John R.Nofsinger）
消费金融真经	[美]戴维·劳伦斯(David Lawrence)等
智能贝塔与因子投资实战	[美]哈立德·加尤（Khalid Ghayur）等
证券投资心理学	[德]安德烈·科斯托拉尼（André Kostolany）
金钱传奇：科斯托拉尼的投资哲学	[德]安德烈·科斯托拉尼（André Kostolany）
证券投资课	[德]安德烈·科斯托拉尼（André Kostolany）
证券投机的艺术	[德]安德烈·科斯托拉尼（André Kostolany）
投资中最常犯的错：不可不知的投资心理与认知偏差误区	[英]约阿希姆·克莱门特（Joachim Klement）
投资尽职调查：安全投资第一课	[美]肯尼思·斯普林格（Kenneth S. Springer）等
格雷厄姆精选集：演说、文章及纽约金融学院讲义实录	[美]珍妮特·洛（Janet Lowe）
投资成长股：罗·普莱斯投资之道	[美]科尼利厄斯·C.邦德（Cornelius C. Bond）
换位决策：建立克服偏见的投资决策系统	[美]谢丽尔·斯特劳斯·艾因霍恩（Cheryl Strauss Einhorn）
精明的投资者	[美]H.肯特·贝克(H.Kent Baker)等